U0193082

科技史里看中国

秦汉
陶俑制术空前绝后

王小甫◈主编

人民东方出版传媒
People's Oriental Publishing & Media
東方出版社
The Oriental Press

图书在版编目（CIP）数据

科技史里看中国．秦汉：陶俑制术空前绝后 / 王小甫主编．-- 北京：东方出版社，2024.3

ISBN 978-7-5207-3743-2

Ⅰ．①科… Ⅱ．①王… Ⅲ．①科学技术—技术史—中国—少儿读物②陶俑—中国—秦汉时代—少儿读物 Ⅳ．① N092-49 ② K878.92-49

中国国家版本馆 CIP 数据核字 (2023) 第 214198 号

科技史里看中国 秦汉：陶俑制术空前绝后

（KEJISHI LI KAN ZHONGGUO QINHAN: TAOYONG ZHISHU KONGQIANJUEHOU）

王小甫 主编

策划编辑：鲁艳芳　　**责任编辑：**金　琪

出　　版：东方出版社

发　　行：人民东方出版传媒有限公司

地　　址：北京市东城区朝阳门内大街166号　　**邮　　编：**100010

印　　刷：华睿林（天津）印刷有限公司　　**版　　次：**2024年3月第1版

印　　次：2024年3月北京第1次印刷　　**开　　本：**787毫米 × 1092毫米　1/16

印　　张：5　　**字　　数：**67千字

书　　号：ISBN 978-7-5207-3743-2　　**定　　价：**300.00元（全10册）

发行电话：（010）85924663　85924644　85924641

我很好奇，没有发达的科技，古人是怎样生活的呢？

娜娜，古人的生活会不会很枯燥呢？

娜娜

四年级小学生，喜欢历史，充满好奇心。

旺旺

一只会说话的田园犬。

古人的生活可不枯燥。他们铸造了精美实用的青铜“冰箱”，纺织了薄如蝉翼的轻纱；他们面朝黄土，创造了农用机械，提高了劳作效率；他们仰望星空，发明了天文观测仪器，记录了日食、彗星；他们建造了雕梁画栋的建筑，烧制了美轮美奂的瓷器……这些科技成就影响了古人的生活，推动了中华文明的历史的进程，甚至传播到世界各地，促进了人类文明的进步。

中华民族历史悠久，每个时期都有重要的科技发展。我们一起去参观这些灿烂文明留下的痕迹吧，以朝代为序，由我来讲解不同时期的科技发展历史，让我们一起从科技史里看中国！

机器人洋洋

博物馆机器人，数据库里储存了很多历史知识。

目录

小剧场：没有电话的年代也能隔空传递消息

要不是电充得足，
我还真赶不上你们
俩呢！

这房子好大。
为什么长城上
会有房子呢？

这叫作“烽火
台”，是传递
信息的地方。

你们把自己想象成古代的士兵，要是娜娜驻
守在这里，旺旺在山对面，这时旺旺发现了
敌人，要怎么告诉娜娜呢？

那时候没有电
话……那就只
能跑过去告诉
她了！
那也太累了吧……

不用跑，士兵们会在烽火台上
放烟或放火，这样，远处的同
伴就知道有敌人了。

没有起重机也能修长城

长城是中华文明的重要象征之一。它的修建起源于西周，一直持续到清代初期，前前后后修筑了几千年。长城主要由城墙、烽火台和关城组成。城墙是抵御敌方士兵的主体建筑，烽火台是燃放火或烟的通信设施，而关城是屯兵的城堡。

早在周代，中原民族为了抵御外族入侵，便修建了烽燧和零星的“列城”，这就是烽火台和关城的雏形。春秋战国时期，各诸侯国混战，为了抵御敌军，齐、韩、魏等大小诸侯国都开始修建具有军事防御功能的城墙。

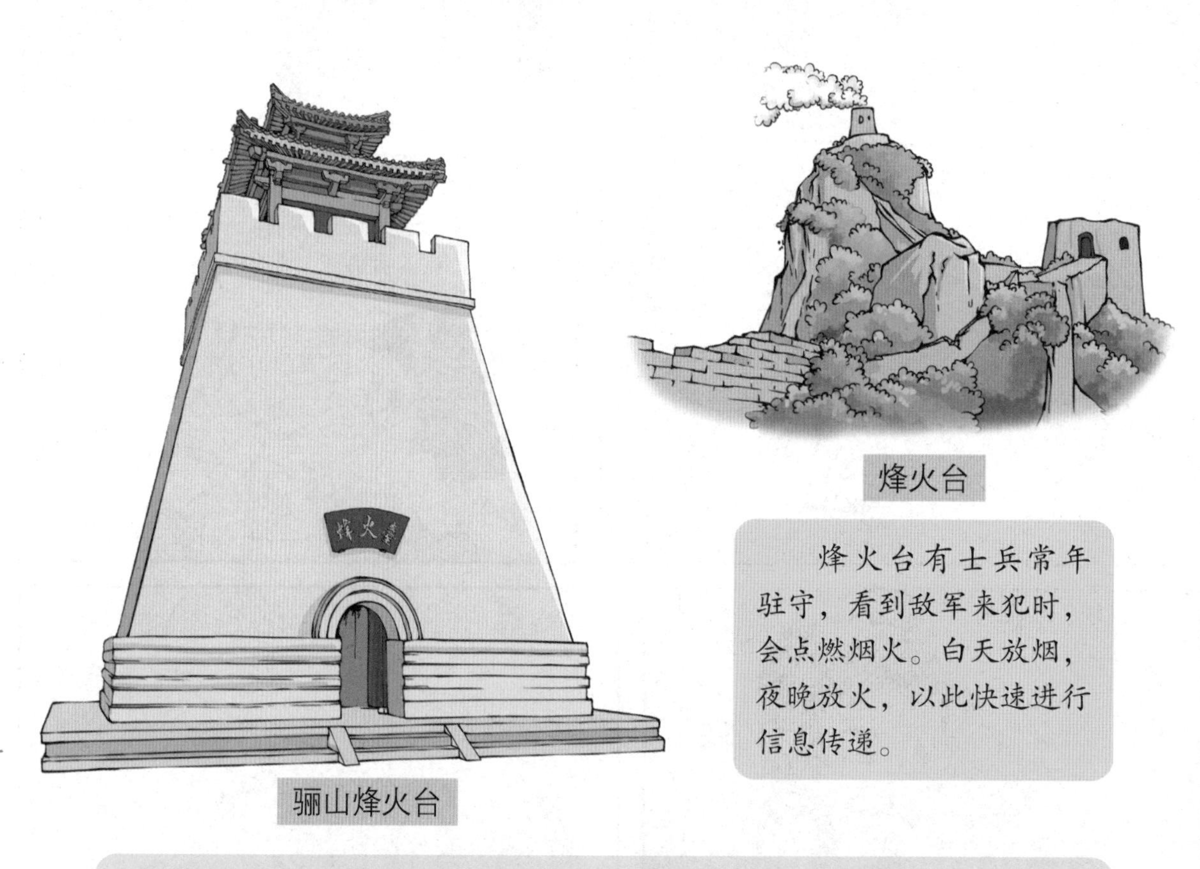

烽火台

烽火台有士兵常年驻守，看到敌军来犯时，会点燃烟火。白天放烟，夜晚放火，以此快速进行信息传递。

骊山烽火台

骊山烽火台是“烽火戏诸侯”故事发生的地方。西周末年，周幽王为了让宠爱的妃子一笑，便在烽火台上点燃烟火，看到烟火的诸侯以为敌军来犯，纷纷带着军队赶来，却发现这是一场恶作剧。这说明，在西周时，烽燧已经作为军事设施使用了。

秦代是长城修筑历史中一个非常重要的时期——我们习惯将长城称为“万里长城”，这个称呼正是从秦长城来的。

秦始皇统一全国后，为了抗击北方游牧民族，将之前秦、赵、燕等国的长城连接了起来，并继续扩建，使长城的长度超过了一万里。这座现在西起甘肃、东至鸭绿江的超大型军事建筑就此成形。

修筑秦长城

据记载，秦始皇使用了近百万劳动力修筑长城，占当时全国总人口的二十分之一。这项浩大的工程给百姓带来了沉重的负担。

大部分秦长城的修建，都使用了夯土版筑法。工人们会先在地面上挖出沟壕放入基石，再用木板和石料搭成“木盒”，最后用黄泥土把“木盒”全部压实，等到黄泥全部干透再把木板抽出。为了让黄泥墙更加坚固，人们一般会先把黄土“烤熟”，再加水使用，这个步骤可以去除黄泥中的虫卵和杂质，属于早期的建筑材料提纯工艺。

夯土城墙修建

绝大部分秦长城都采用了夯土城墙，墙体高约 4 米，墙基宽约 4 米，墙顶宽却只有 2 米左右。夯土版筑法是一种高效、快捷的建筑方法。当时一支 80 人的施工队只需要用 7 天就能搭建出 1 公里长的夯土城墙。

芦苇在城墙中的妙用

在建造夯土城墙时，工人会用芦苇等材料编成槽板插入黄泥之中。芦苇秆是中空的，这样就起到了排水的功效，增加了黄泥墙体的整体强度。

在一些特别的地段中，工人会根据需要，采用石料来对长城的墙体进行加固。他们将石片交错地填充在墙体内，增加墙体的抗攻击性。不过，这种石片并非我们现在看到的长城中的巨石，而是更加扁平的石块。

制作砖坯

汉代以后，中央王朝逐渐放弃了战国时期各诸侯国修建的“旧长城”，继续用夯土版筑法和石片交错叠压技术修建新的长城。但这一时期，人们还发明了一种比夯土版筑法更高效的建筑工艺——土坯砌墙法。

土坯砌墙法

土坯砌墙法使用的修筑材料是未经过烧灼的砖坯。提前将黄泥加水制成砖坯，晾干后将砖坯堆起来砌成城墙。用土坯砌墙法修出的墙体虽然不及夯土版筑墙坚固，但也有很强的防护力。相比之下，土坯砌墙法具有快捷、方便的优点。

超大的秦汉宫城

秦朝建立以后，很多大型工程启动修建，除了秦长城以外，还有阿房（ē páng）宫、秦直道、秦始皇陵等。其中，阿房宫是秦始皇统一后修建的新朝宫。在秦始皇的规划中，阿房宫是一座巨大、宏伟的宫殿，它的大小与当时的一座城镇相当。但由于工程太过浩大，秦朝又仅仅持续了 15 年，所以阿房宫在建成了前殿后，便被废弃了。

阿房宫想象图

根据中国社会科学院考古研究所 2002 年—2007 年的考古研究成果，阿房宫前殿占地约 800 亩，相当于 90 个标准足球场的面积。

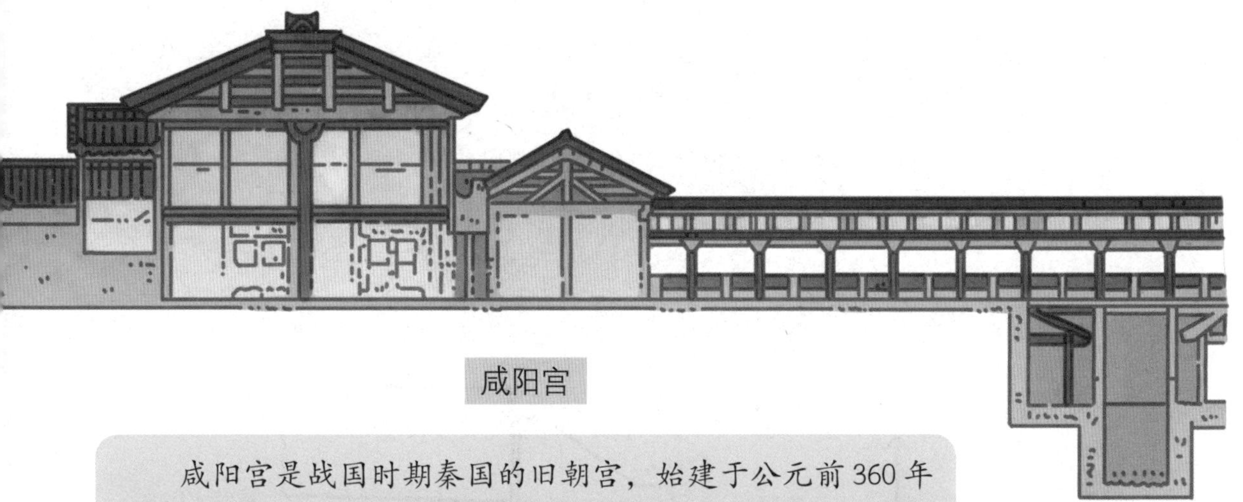

咸阳宫

咸阳宫是战国时期秦国的旧朝宫，始建于公元前 360 年左右，在秦始皇统一全国的过程中，该宫得到了扩建。秦末项羽攻入咸阳，屠城纵火，把咸阳宫烧成了废墟。1959 年，考古学家在勘察发掘秦都遗址时，找到了咸阳宫遗址。

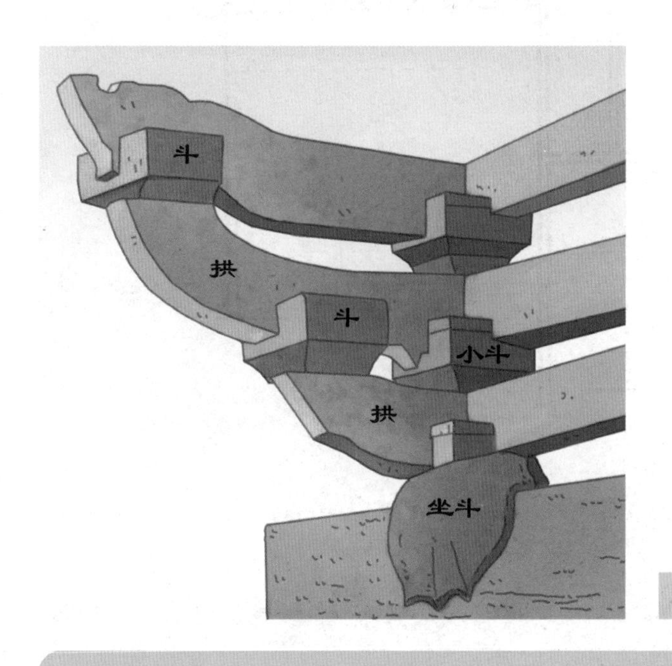

斗拱

根据记载，秦朝的新宫殿阿房宫、旧宫殿咸阳宫都被项羽放火焚烧了，但有一座小宫殿保留了下来，这就是兴乐宫。汉朝建立时，便将兴乐宫改建成了长乐宫，并在它旁边增加了未央宫、北宫，作为新王朝的宫殿。

秦汉时，斗拱开始出现在许多重要的建筑物上。斗拱是中国木构架建筑结构的关键性部件，是中国古典建筑显著特征之一。

未央宫是西汉的正式宫殿，是中国古代规模最大的宫殿建筑群之一，宫内布满亭台楼榭、山水沧池，其建筑形制深刻影响了后世宫城建筑，奠定了此后两千余年中国宫城建筑的基本格局。未央宫不仅是汉代的正宫，也是西晋、前赵等多个政权的皇宫，它在华夏大地上矗立了一千多年，是中国历史上使用朝代最多、存在时间最长的皇宫。

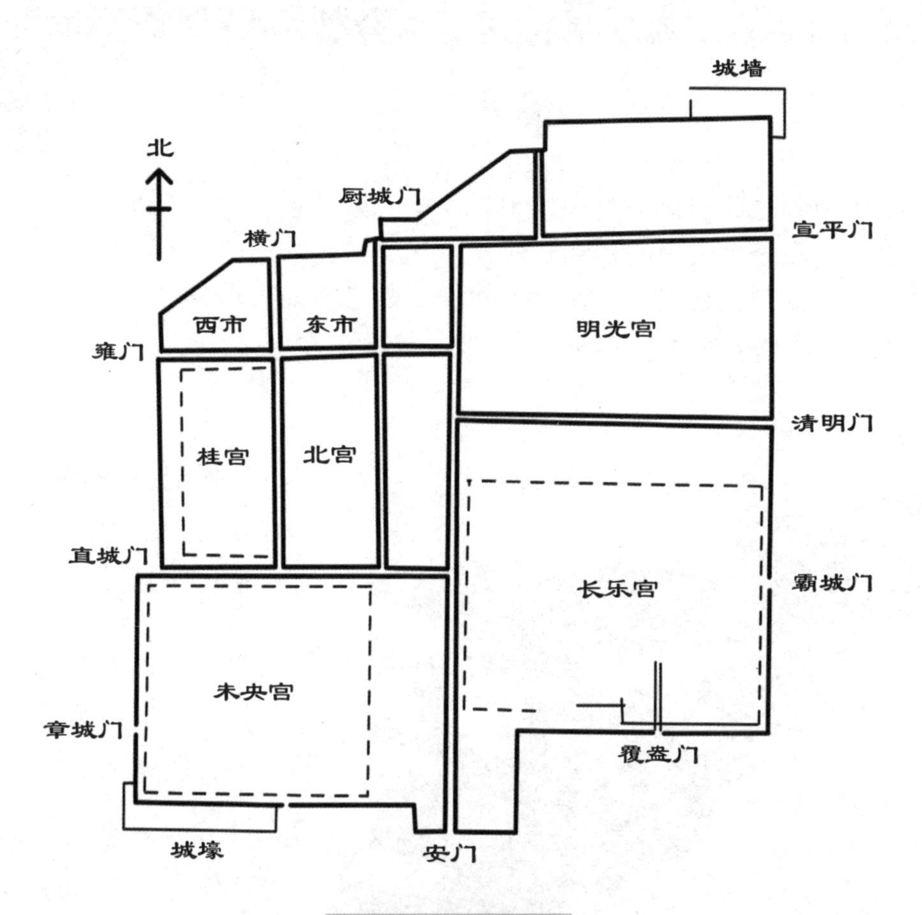

汉长安城平面图

根据《西京赋》记载，萧何营建长安城时没有按照周朝礼制，宫城分散布置，占城市大部分。未央宫不仅是皇室居所，还是一座大型园林。宫城中还建有中国最早的国家图书馆——天禄阁、中国最早的国家档案馆——石渠阁。

长乐宫与未央宫之间建有阁道相通，它的宫垣东西长 2900 米，南北宽 2400 米，占地面积约 6 平方公里，约占汉长安城总面积的六分之一，约等于 8 个故宫的大小，并设有地下室冰窖。

长乐宫的排水管

长乐宫遗址曾出土罕见的陶制排水管，在一米多深的地下，两组陶质排水管道呈南北向分布，它们都连接着一条长达 57 米的排水渠道。

秦朝的“高速公路”

我们都知道高速公路，那是相较于普通公路更平整、更宽阔的公路。但你知道吗？早在2200多年前的秦朝，中国人就开始修“高速公路”了！

秦朝的高速公路叫“秦直道”，是宽约20—60米、全长约800公里的公路。想象一下在2200多年前，秦人的军队骑着战马、驾着战车行驶在这条宽阔的大路上，是多么威风！

秦直道遗址

为什么要修高速公路呢？主要是出于军事考虑。公元前212年，为阻止和防范北国匈奴贵族的侵扰，秦始皇下令大将蒙恬率30万大军用2年时间修筑了南起陕西林光宫，北至今内蒙古包头的军事通道，由于道路大体南北相直，故称“直道”。不过这条路并没能在2年内修完，而是前前后后至少花费了9年才完成。修成后的秦直道使用了1800多年，至清朝时才逐渐被废弃，为中国的交通运输、经济发展起到了不可估量的作用。

汉朝的“摩天大楼”

在汉朝以前，中国木造建筑主要是单层建筑，修筑在夯土台上。但随着房屋建造水平的提高，两层甚至多层的木建筑开始在汉朝出现，中国正式进入了楼阁时代。

从中原汉画像石中可以发现，楼阁式建筑又可以细分为多种类型，如仓楼、望楼、乐楼以及台榭等。其建筑结构特征大体相似，但因使用功能的差异而呈现出不同的外观形式。汉代楼阁的屋身呈现出由低到高的变化趋势，建筑材料主要选择轻便且坚固的木材做支撑。

汉五层彩绘陶仓楼

汉五层彩绘陶仓楼出土于河南焦作，它所描绘的建筑堪称古代的“摩天大楼”。陶仓楼是依据当时建筑图样或设计构思按比例缩小的建筑模型，它不仅可以直观形象地表现中国古建筑的形制和技巧，而且反映了一定的社会风尚和习俗。

汉代木构架技术的成熟是楼阁建筑得以发展的关键因素。通过对汉画像石的研究，我们可以看出汉代楼阁建筑架构主要有抬梁式和穿斗式两种，而单层房屋主要采用井干式结构。抬梁式房屋是先在房屋前后竖立高度相等的两支柱子，柱上架梁，梁上又立短柱来承托更短的梁，最终塑造出顶部的三角形区域以增加结构的稳定性。穿斗式房屋的每条檩（lǐn）子下都有通达地面的柱子，柱间用横枋贯穿，这种房屋多见于南方地区。

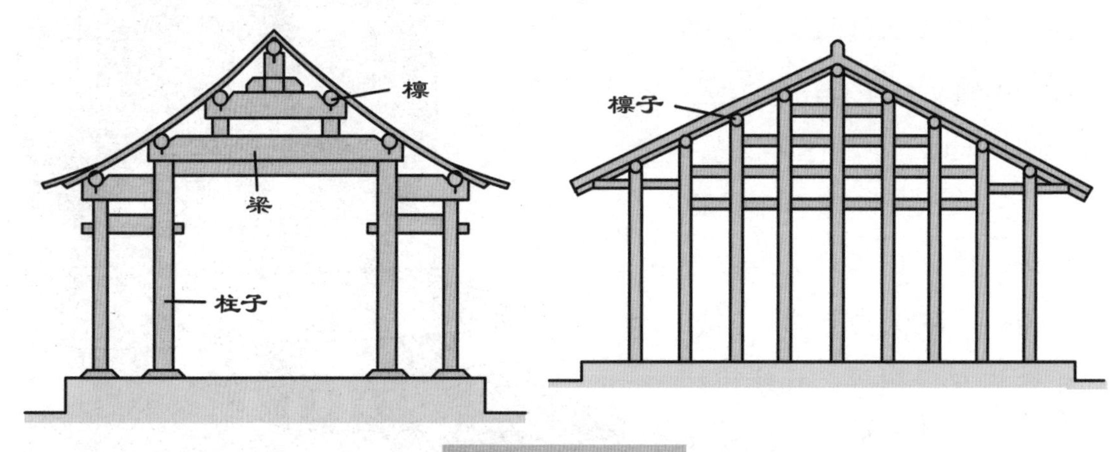

抬梁式和穿斗式

抬梁式是用柱子将梁抬起，梁承托檩子；穿斗式是用柱子直接托起檩子。

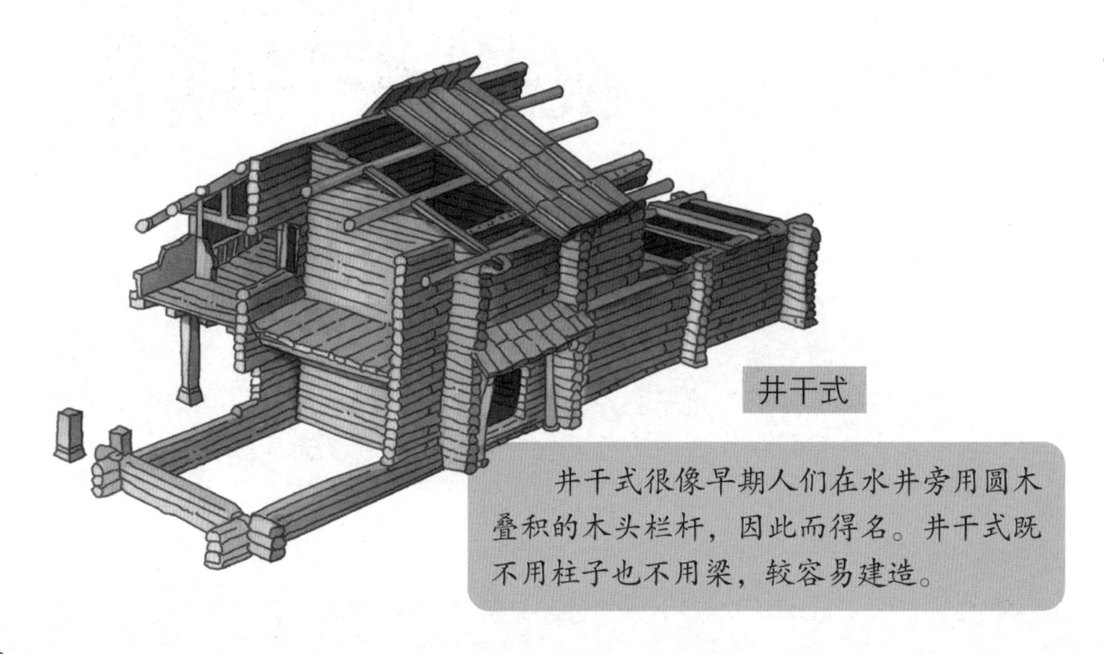

井干式

井干式很像早期人们在水井旁用圆木叠积的木头栏杆，因此而得名。井干式既不用柱子也不用梁，较容易建造。

建阙（què）也是汉朝建筑的一大特点。阙是塔楼形式的装饰性建筑，通常建于道路两旁，使建筑群看起来更加隆重。文献记载西周时已有阙，现存最早的实物阙来自汉朝。汉代也是建阙的盛期，都城、宫殿、陵墓、祠庙、衙署、贵邸，以及有一定地位的官民的墓地，都可按一定等级建阙。

重庆乌杨汉阙

在重庆忠县发现的乌杨汉阙是汉阙中的精品，现存于重庆三峡博物馆中。

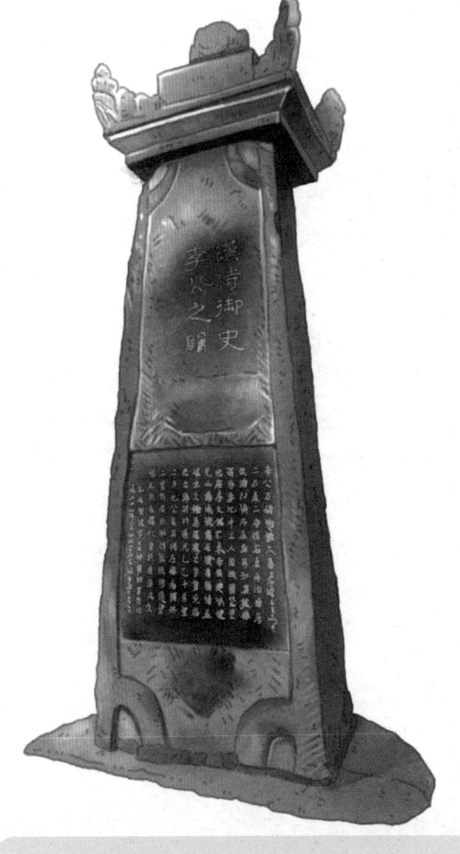

小知识

阙是中国古代建筑体系中极为重要的一种建筑形象，溯源于门，建在宫门或陵墓等建筑群前，左右对称。

李业阙

李业阙位于四川梓潼长卿镇南桥村，属单阙，现仅存一段阙身，为独石刻成。阙身正中阴刻隶书“汉侍御史 李公之阙”8个大字，字迹清晰。

小剧场：秦朝军士的“军功照”

我以前看过一个电影，里面说这些兵马俑都是把泥巴糊在真人身上烧出来的，所以才那么逼真……

怎么可能，考古学家并没有在兵马俑里面找到尸骨哦。
那兵马俑是怎么做出来的?

兵马俑是秦朝的工匠，按照真人士兵制作的。

秦朝时立下军功的士兵，会穿上他们最好的盔甲，挨个当工匠的模特。这可是秦朝军士的高光时刻。

沉睡了 2000 年的地下军队

秦始皇陵兵马俑

1974 年，陕西西安临潼附近的农民在打井时发现了几个破碎的陶俑，他们还发现这些陶俑跟真人一样大。后来，陕西省考古队在这一带进行了勘探和试掘，竟发掘出了一支 2000 年前的地下军队——这就是秦始皇陵兵马俑。

兵马俑被誉为“世界第八大奇迹”，已经出土了数千件陶俑，其中武士俑平均身高 1.80 米左右；陶马高约 1.72 米，长约 2.03 米，战车与当时实用车的大小一样。士兵和军吏根据等级、兵种等区别，在盔甲、头冠、动作上都有区别。每个陶俑的衣着细节考究、姿态栩栩如生。

彩色的兵马俑

我们现在看到的兵马俑实物都是灰扑扑的，但其实，兵马俑在入土前是彩色的！上色的颜料全部是矿物颜料，红色为朱砂、黑色为木炭、蓝色为蓝铜矿，另外将军级别的兵马俑上还用了古代极其少见的紫色颜料。

秦始皇陵一号铜车马

铜车马出土于秦始皇陵封土西侧，经过近8年精心修复后展出，大小约为真人真马的二分之一。一号车是秦始皇出行时的仪仗车，同时也是战车。车上配有铜弩、铜盾、铜镞等兵器，铜伞可以拆卸，制作工艺极其精湛。

秦朝人为什么要制作兵马俑呢？这与远古时期的人殉制度有关。在奴隶社会，王公贵族下葬的时候，会将家中的奴隶，甚至妻妾杀死，一起埋到墓葬中，因为他们相信这位主人只是去了仙界，在那里他仍需要奴仆伺候。这是一种原始、野蛮的墓葬方式。到了战国时期，各诸侯国纷纷立法废除人殉。但主人去了仙界没人服侍怎么办啊？古人发明出了用俑代替活人和动物的方法。用陶土、石头、木头制作的人形、动物形器物就叫俑，所以兵马俑的意思，就是兵马形状的殉葬品。

立射俑

站立的立射俑是一种身着轻装的步兵。根据他的动作，我们可以猜出他拿着弓。

制作粗胎

泥条盘筑法是把泥搓成条状，然后一圈一圈叠成兵马俑的躯干。所以兵马俑都是空心的。

兵马俑因为太过逼真，让现代人看的时候不禁产生遐想，编出了很多故事。但兵马俑的诞生，并不是什么神话故事，而是古代劳动人民智慧的结晶。

秦代工匠雕刻兵马俑大致要经过三个步骤：第一，先用泥塑成俑的粗胎。因为兵俑制作是组合完成的，初级的泥胎只有躯干部分。古代工匠们使用的方法是泥条盘筑法。他们摔打黏土，直到其变得柔软，然后搓成条状，把泥条一圈一圈向上盘绕，做出人俑的大体形状。

第二步，在粗胎的基础上，进行复泥，并在兵俑身上刻出盔甲线条之类的雕刻装饰。第三步是单独制作头、手等部件。这部分在制作时更加细致，尤其是头部，要表现出真人的神态。待零部件充分干燥收缩后，再将其与身体用泥浆黏合在一起，这样兵马俑的基本形态就完成了。

复泥

在兵俑躯干外面覆盖一层陶泥，并雕刻出盔甲的细节。同时，在躯干的空腔中，增加支撑物。

进窑烧造

兵俑的整体雕刻完成后，放入高温窑进行焙烧，大部分俑需要反复烧造好几天。烧造完成后，再进行彩绘。工匠们需要使用自然矿物研磨的粉彩为兵马俑上色，最后涂上用生漆和桐油专门熬制的熟漆罩面，使粉彩层光彩夺目，并能长期保持。

上色和保护漆

兵马俑皮肤为粉色，服装有绿、红、蓝等多种颜色。职位较高的将军，还可以使用紫色。

秦始皇陵兵马俑坑目前已发现 4 个，分别是一号坑、二号坑、三号坑和未完成的四号坑，里面埋葬着 8000 多个兵马俑。这真是一支数量庞大的军队！能完成这么多兵马俑的制造，还能达到“千人千面、千人千色”的效果，这多亏了秦朝实行的“物勒工名”制度。

物勒工名

“物勒工名”是指制造物品的工匠把自己的名字刻在产品上，如果产品质量出了问题，管理者就会追溯这个工匠的责任。这是秦国政府管理官府手工业、保证产品质量、控制和监督工匠生产的一种手段。

制作兵马俑的工坊，有中央官府制陶作坊，也有地方制陶手工业作坊。可以说，当时举全国之力，才制作完成了数量如此多的兵俑。近年来，据考古专家推测，兵马俑之所以“千人千面”，没有重复的面容和造型，正是因为这些兵俑是以真人士兵作为模特的。按照自己的样子制作兵俑，埋入皇陵，对当时的将士来说，是无上荣誉。

造福千年的灌溉工程

秦朝重视水利工程。早在秦昭王时期，郡守李冰就带领蜀地的百姓修建了都江堰，这个工程使四川成为了天府之国，秦国也是因为占据这个大粮仓才能顺利出兵兼并六国。秦朝修建的大型水利工程不止都江堰一个，还有郑国渠和灵渠——这三个水利工程被称为“秦朝三大水利工程”。

韩国使节献策

郑国渠的修建源自一个“阴谋”。战国时期，秦国旁的韩国因为害怕秦国攻打自己，于是派出使臣给秦王献计，在关中地区修建一条灌溉用的运河。本来韩国是想以这项工程来消耗秦国的国力，没想到郑国渠建好之后，发挥了极大的灌溉作用，让关中大地变成了秦国的大粮仓。

郑国渠西起泾阳，东至洛水，全长 300 多公里，秦国投入了十几万人，花费了 10 年时间才将它建好。郑国渠流经的部分地区因地制宜，设置了地下相通的“井渠”，建成农田灌溉蛛网水利体系，使得超过 4 万公顷的关中土地得到了灌溉。到了西汉，人们在郑国渠的基础上扩建了井渠系统，使关中平原成为千年沃土。

龙首渠与白渠、六铺渠都是汉武帝时期修建的大型灌溉工程，这些水渠由地下运河和地面井道组成。后来，井渠法通过丝绸之路传到了西域，有研究者认为今天新疆地区的“坎儿井”就是由西汉时期的“井渠法”演化而来。

龙首渠遗址

龙首渠是汉武帝年间修建的地下井渠网络，它的修建解决了关中地区农业发展中的干旱、土壤盐碱化等问题，极大促进了关中地区农业的发展。

龙首坝

龙首坝因是龙首渠的首段而得名。这条灌溉运河修建千年后仍在发挥作用。

秦汉时期修建运河不只有引水、灌溉的目的，还有出于军事方面的考虑。位于广西的灵渠，就是一项以军事为目的修建的水利工程。

公元前 221 年，秦始皇派将军屠睢（suī）率 50 万大军南征百越，其中一路军队来到广西兴安后，发现这里地势复杂，军饷转运困难。于是公元前 219 年，秦始皇派史禄在广西兴安湘江与漓江之间修建一条人工运河，运载粮饷。公元前 214 年，灵渠建成，随后秦始皇迅速统一了岭南。

灵渠还是世界上第一条使用水闸的运河。水闸名为陡门，能在旱季抬高水位，以使过往船只顺利行驶。

秦灵渠水利工程

灵渠是一条人工运河，能起到连通漕运、灌溉、泄洪等多种目的，主体工程由铧（huá）嘴、大天平、小天平、南渠、北渠、泄水天平等部分组成。秦灵渠修好之后，东汉、唐代至现代又经过了数次疏浚（jùn）、扩建。

汉朝疆域广阔，当时在全国范围内都修建了水利设施。在新朝王莽时期，云南昆明的百姓为了灌溉农田，就曾修建水渠引滇池的水。后来唐宋时期，地方政府专门设立了管理机构维护滇池水渠。到了元朝，政府扩建了滇池水渠。

滇池

滇池又名昆明湖，是云南省最大的淡水湖。早在公元1世纪初，人们便在滇池附近修建了水渠，引水灌溉农田。

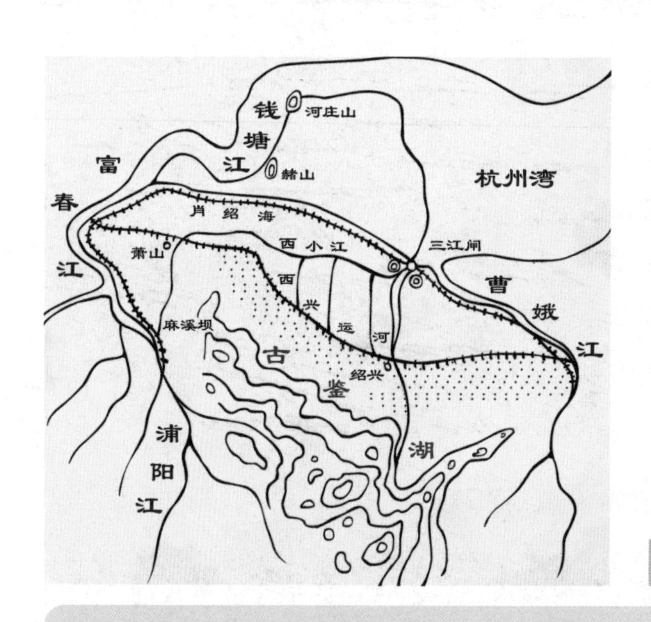

鉴湖工程示意图

史书记载的江南地区最早的水利工程，是公元140年由东汉会稽太守马臻在绍兴主持修建的鉴湖。鉴湖是一座人工湖，马臻巧妙地利用地形，筑长堤拦截山中溪流，让其汇聚成湖用以灌溉农田。

鉴湖是江南有名的水利工程，它建成后使用了800多年。鉴湖在唐中叶之后逐渐淤积，北宋中期以后，名门豪族在湖上建筑堤堰、垦田，使湖越来越小。到元朝时，鉴湖已经名存实亡，仅留多处小湖遗存。

汉武帝像

汉朝初年，黄河经常泛滥。公元前132年，黄河瓠（hù）子（今河南濮阳西南）决口，洪水向东南冲入平地，淹及16个郡，灾情严重。西汉朝廷派了10万人去堵塞，都没有成功。直到20多年之后，汉武帝亲自上阵指挥，朝廷自将军以下的官员、士卒皆参加堵口，才最终成功。这一著名的黄河堵口工程以竹为桩，充填草、石和土，层层夯筑而上，史称“瓠子堵口”。

小知识

汉武帝在位期间不仅征服了匈奴、控制了西域，还修建了很多大型水利设施，治理了黄河。

西汉末年，黄河频繁决堤。贾让提出了不筑堤坝，让黄河东北支流自己流淌的方针，体现了疏导治水的规划思想。东汉明帝时期，治河官王景采用多水口引水的方法改良了汴渠引水口，效果显著，维持了此后900多年黄河河道形态没有大改。这些汉代治水的例子为后人治理黄河提供了宝贵的经验。

利用雪水种田的智慧

在我国新疆，气候干旱、河流水量不稳定，但雪山上有很多冰雪，是否能利用这些雪山上的水资源呢？人们想到了一种神奇的水利设施——坎儿井。坎儿井大体上是由竖井、地下暗渠、地面明渠和涝坝（小型蓄水池）四部分组成，是一种特殊的灌溉引水系统。山上的雪水融化后，会沿竖井注入地下，顺着暗渠汇入山下的明渠和涝坝。

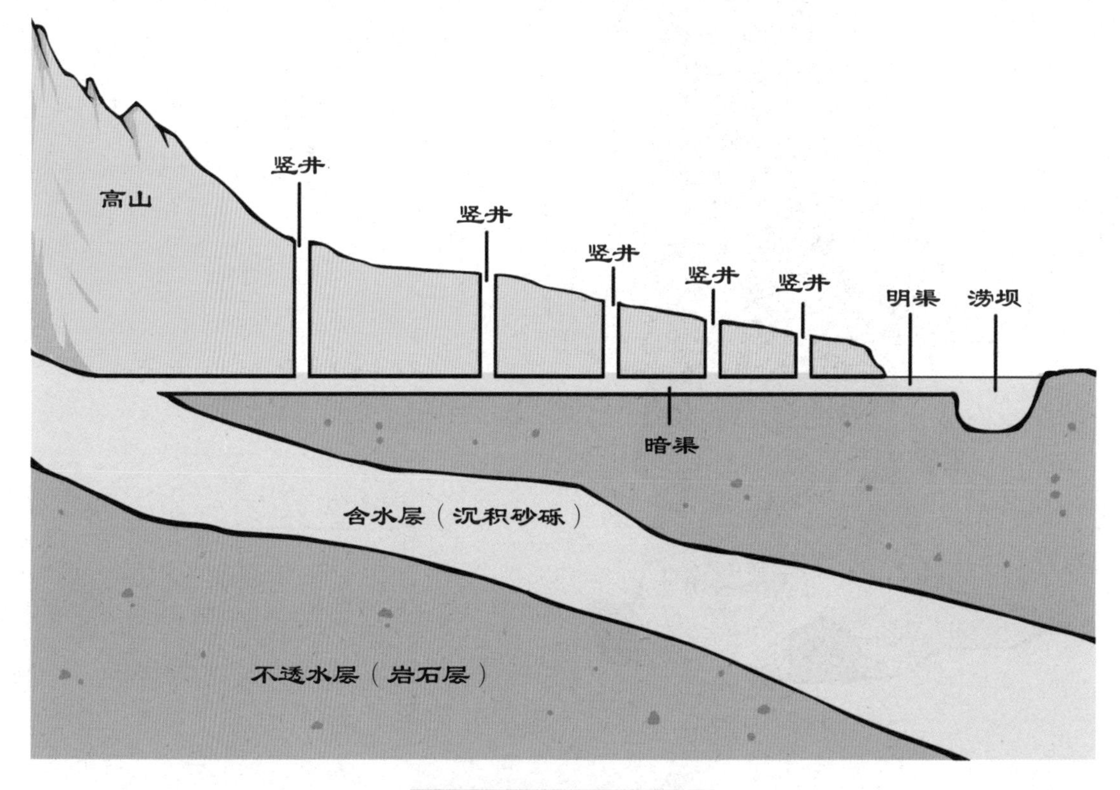

坎儿井的结构示意图

在新疆，春夏时节有大量积雪和雨水流入戈壁滩下。人们利用山的坡度，巧妙地创造了坎儿井，引地下潜流灌溉农田。坎儿井的暗渠位于地下，不受气温、狂风等因素影响，因而流量稳定，保证了自流灌溉。

吐鲁番井渠建筑遗迹

吐鲁番的坎儿井总数达1100多条，全长约5000千米，与万里长城、京杭大运河并称为中国古代三大工程。关于坎儿井的起源，有多种说法，比如坎儿井是受中原的“井渠”启发而发明的。但也有考古学者在新疆阔克嘉乡找到了古代岩画，证明2000多年前的古人已经开始使用坎儿井，推测这种伟大的发明极有可能源自维吾尔族的祖先。

坎儿井暗渠

不过，无论坎儿井发源自哪里，吐鲁番能建成如此庞大的坎儿井系统，都与西汉的水利开发有关。公元前48年，汉朝在此设戊己校尉府，对吐鲁番的屯垦事业和水资源进行了大规模开发，为吐鲁番地区带来了农耕文明发展的高峰。坎儿井的大规模使用，也从侧面证明了汉朝对水利工程的重视。

小剧场：布片上的“中国”

看着秦朝的东西，感觉到气势十足呢。
秦朝很短暂，而且战争几乎没有停过呢。所以，那个年代的文物也带着秦朝特有的豪气。
你知道吗？秦朝之后的汉朝，也是一个开疆拓土的时代。
你说的是汉武帝的故事吧。
所以，你们一定要看看这块织锦！

这块小布片有什么了不起的？

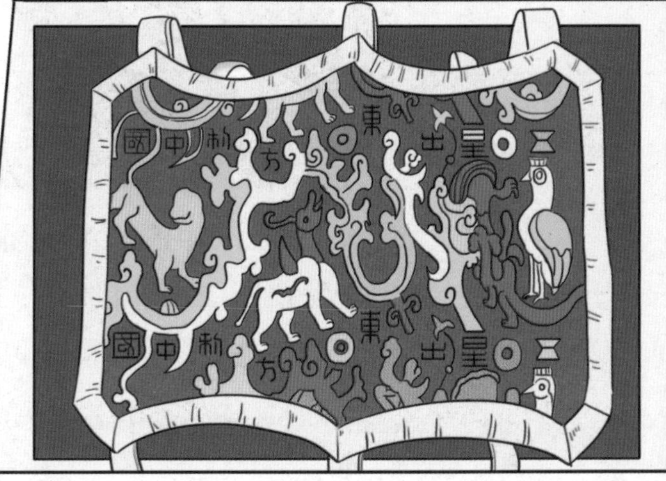

这是一块织锦护臂，最难得的是上面有“中国”两个字。

为什么难得？汉朝人不就是中国人吗？
中国人是现代的叫法。

华夏的先民认为自己居住在世界的中心，所以把自己的国家叫作“中国”。不过汉朝时“中国”不是正式国名，只是一个地理概念。
这块织锦是在新疆尼雅发现的。

汉朝时的尼雅是一个独立的小王国，叫精绝国。这块织锦是汉朝皇帝赐给这个小王国的礼物。可见那时汉朝的影响力有多大。
尼雅遗址
原来如此。

丝绸之路的开辟

在西汉初年，有一个伟大的历史事件，它极大推动了汉朝人的地理认知，对后来丝绸之路的建立也起到了重要的作用。这就是张骞出使西域。

张骞出使西域

小知识

张骞一生曾两次出使西域，开辟了中国与西域诸国沟通往来之路，被誉为“东方的哥伦布”。西汉史学家司马迁称赞张骞出使西域为“凿空”，意思是“开通大道”。

汉朝初年，由于之前连年战乱，人口凋敝，所以汉朝面对匈奴的入侵一直处于劣势，只能采取和亲政策求得短暂的和平。汉武帝即位不久，从来降的匈奴人口中得知，在如今敦煌、祁连一带住着游牧民族大月氏（ròu zhī），他们与匈奴有世仇，所以汉武帝便想联合大月氏对抗匈奴。不过当时的大月氏已经迁往了更西边，汉朝与他们没有直接联系，加上中原通往西域的大部分道路被匈奴控制了，贸然前往十分危险。于是，公元前138年，汉武帝组织了一个小型探险队先去探路——带领探险队的官员就是张骞。

敦煌洞窟中关于张骞的壁画

这幅壁画绘制于初唐时期，画中人物穿着唐人的服装。图中石碑上有“张骞往西域”等字样。

张骞出发后没多久就被匈奴人抓住了，随后长达 10 年的时间，他都被匈奴人软禁着。但 10 年的时光没能磨灭张骞的出行意志，一天，他趁匈奴人不备逃出了对方的控制区，带着残余的部队继续西行。接下来的一路非常艰苦，沿途人烟稀少，水源奇缺，队伍中的很多人都死在了路上。不过，张骞一行最终还是熬过了这些磨难，到达了大宛（yuān）国。后来，他终于到达了大月氏。只不过，此时大月氏已经不想对抗匈奴了，张骞的军事使命还是没能完成。

东汉铜奔马

又叫马踏飞燕，出土于甘肃武威，展现了汉朝战马的神韵和身姿。汉朝正是在张骞出访西域各国后，逐渐控制了通往中亚的商贸通道。

张骞的出行，虽然没能说动大月氏对抗匈奴，但这次行程耗时13年，加深了汉朝人对西域地理、物产、风俗习惯的了解，为汉朝开辟通往中亚的交通要道提供了宝贵的资料。这一次出使，还让汉朝和西域国家建立了良好的关系，为中原和西域进行贸易运输创造了条件。

虎形圆金牌

1977年在新疆乌鲁木齐阿拉沟30号墓地出土，是战国时期的文物。这类金器是西亚民族的物品，说明在战国时新疆已经存在联通西亚的贸易商道。

汉朝经过几十年的休养生息，到汉武帝的时期，已经恢复了元气。汉朝从大宛等国引进了良种马匹，强化了骑兵军队。终于在公元前119年，汉武帝发动了反击匈奴之战，控制了漠北，彻底将匈奴人赶走了。

马踏匈奴石像

马踏匈奴像是西汉的少年将军霍去病墓前的石雕。其中，石刻中的马骨架匀称、肌肉结实，一只前蹄把一个匈奴士兵踏倒在地。匈奴士兵仰卧地上，左手握弓，右手持箭，作狼狈挣扎状。这座石雕记录了霍去病扫荡匈奴的功绩，体现了西汉征服匈奴的历史过程。

铁匠打铁

小知识

西汉时，中国的铸铁工艺已经十分成熟，这项技术后来沿着丝绸之路传到了中亚。

在汉武帝赶走匈奴后，汉朝的北疆和西域又恢复了和平。公元前119年，张骞第二次出使西域。这一次出行历时4年，张骞带领使团前后到访了乌孙、大宛、康居、大月氏等国。此后，汉朝还派人出使了安息（波斯）、身毒（印度）等国。在和平的环境下，中原和中亚、西亚的贸易交流越来越频繁，我国的漆器、纺织品出口到了海外，铸铁技术、蚕丝纺织技术也通过丝绸之路传到了西亚甚至欧洲，对促进人类文明的发展贡献巨大。另外，西方的金银器工艺、各种农作物也传入了中原，促进了中原社会的发展。

汉锦

汉锦纹样为“韩仁绣文衣右子孙无极”，是汉代流行的纹样。此汉锦出土于新疆楼兰，可看作贸易往来的见证。

汉朝军队的强大

西汉军队能够击败匈奴、控制西域、开疆拓土，这与当时军事装备性能的提升有很大关系。

在古代，骑兵相比于步兵战力高了许多。但汉朝建立的初期，由于中原经历了几百年的混战，国家非常穷困，缺乏马匹，有些将相出门时只能乘坐牛车，所以汉朝统治者非常重视培育马匹。汉朝从西域购进了大量名马，并在国内开辟专门马场培育。

培育战马的同时，汉朝还改良了马鞍。西汉著名的大将卫青、霍去病都以闪击战闻名。汉朝骑兵采用冲击战术后，开始改良马鞍。加高的马鞍有利于骑兵在马上保持身体稳定，从而提高使用戟或矛杀敌的效力。

汉朝的马

中原也有马，但这些马种体形较小，不适合作战，更适合拉车。于是汉朝从西域引进了马种和牧草，在靠近西域的地方饲养。汉朝西域马种和中原品种杂交，培养出既可以拉车，又可以充当战马的品种。

战国至东汉马鞍的演变

擅长铸铁的汉朝人，在这一时期发明了更先进的刀具——环首刀。环首刀是直刃长刀，它的刀刃是将铁反复折叠锻打和淬火后制作出来的，坚韧、锋利。环首刀是当时世界上非常先进、杀伤力极强的近身冷兵器，在人类历史上具有非凡意义。

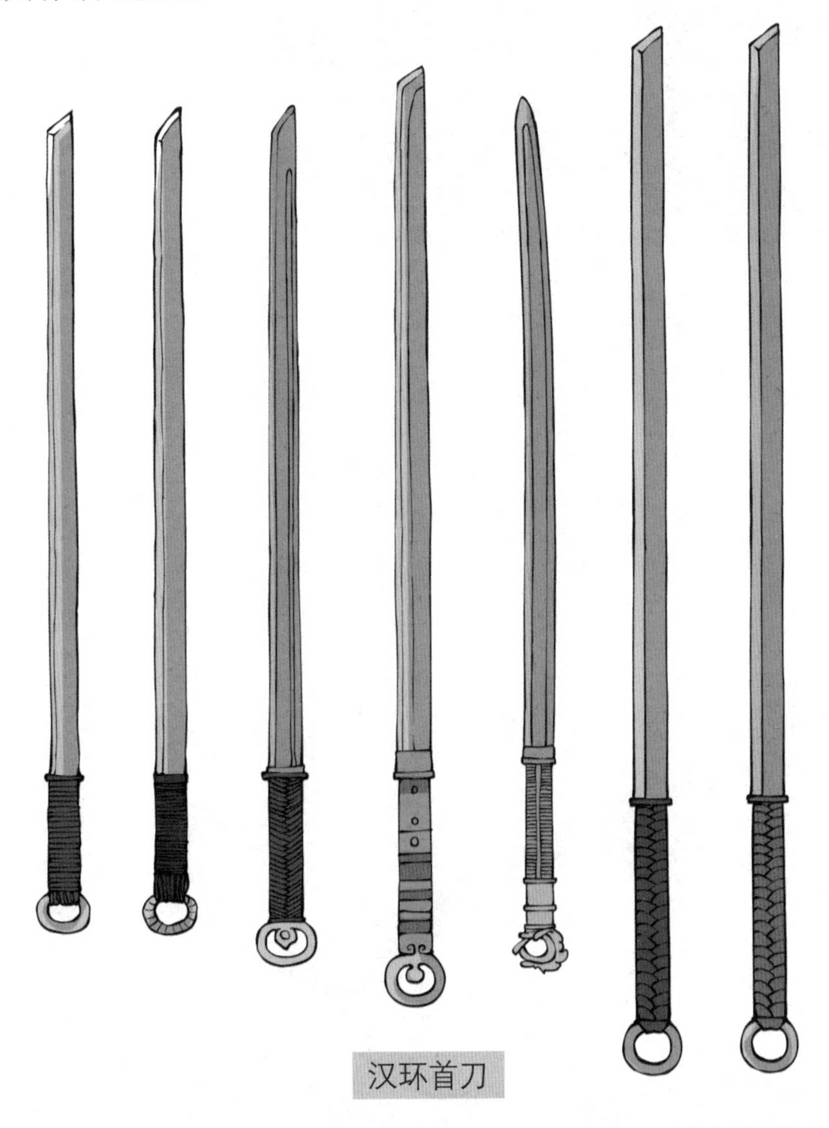

汉环首刀

环首刀由汉剑演化而来。剑利于突刺，不利于劈砍，不适合骑兵作战。于是汉朝人将剑改为单面开刃、厚脊等结构。刀柄处的圆环可以拴绳子，作战时把绳子绕在手上，可以避免刀在手中脱落。

汉代画像砖上的环首刀

小知识

我们所说的成语“百炼成钢”其实就是描述的汉代铸刀工艺。汉刀是将炼好的铁块或高碳炒钢，经过不断加热折叠锻打，去掉氧化物杂质得来的，这种锻造工艺在当时非常先进。

除了环首刀，汉军常使用的武器还有强弩和铁戟。弩在战国时已经出现，是古代战场上杀伤力极大的重武器。汉朝时，人们在弩的瞄准器上增添了刻度，使弩拥有了稳定的弹道参照；还使用铜制弩廓取代木弩廓，增加了弩的耐用性。汉朝人使用铁取代青铜作为造戟的材料，使其更坚固、不易折断。有了这些先进武器的加持，汉朝军队才能所向披靡。

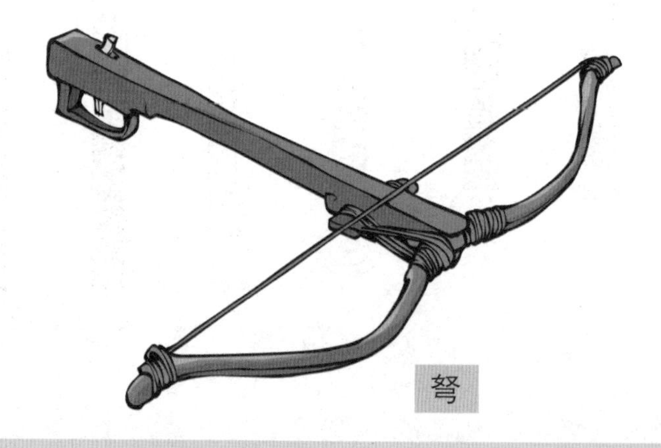

弩

弩也被称为十字弓，是步兵有效克制骑兵的一种武器。相较于弓箭，弩的射程更远，杀伤力更大。汉朝还发明了一种腰引弩，它的最高拉力可达 370 千克，有效射程超过 500 米。

秦朝至西汉初年，士兵穿的盔甲一般是皮甲。汉武帝时期，国家经过几十年的休养生息，国力已经强盛起来。汉朝中后期，冶铁技术进一步发展，产量已经很高，用铁片制作的甲胄（zhòu）取代了皮甲，成为了军队的常规装备。

铁戟

戟的使用由来已久，但汉朝是冶铁的时代，他们用钢铁制作戟身，加强了戟的耐用性。

西汉武士

西汉时，铁制铠甲开始普及。当时的铁甲又叫“玄甲”。

中国最早的地图

中国人自古重视地理勘测和地图绘制。考古工作者曾在长沙马王堆汉墓发现了3幅地图，分别是《驻军图》、《城邑图》和《地形图》。其中的《驻军图》是一张彩色地图，图中除了绘制山川、道路、民居外，还标识了当地9支驻军的布防、防区界线、指挥城堡等军事内容。这可能是世界上目前发现的最早的军事地图。后来，考古学家又在甘肃天水挖掘到一幅刻在木板上的秦朝地图，虽然只有寥寥几笔，但意义非凡——这应该是我国目前出土的最早地图。

汉朝由于疆域辽阔、社会稳定，人们对地理空间的探索取得了诸多成果。从张骞出使西域到建立丝绸之路，再到探测域内地理绘制地图，还有派出海运船队进行海外贸易……这些成果涉及地理、贸易、军事等多个领域，证明了西汉的综合科技水平达到了全新的高度。班固撰写的《汉书·地理志》是中国第一部以“地理”为名的著作。

《汉书·地理志》

全书分三部分：第一部分论述汉朝以前的疆域沿革；第二部分论述汉朝郡县的设置、沿革，以及一些域外国家或地区的情况；第三部分转载《域分》《风俗》的内容，讲述汉朝各地区的特点。

四大发明之蔡伦造纸

中国古代的四大发明中，最早出现的是司南，第二个出现的就是造纸术了。在纸发明以前，人们多用竹简、木牍、丝绸来写字、绘画，但竹简沉重，丝绸又昂贵，如果有一种既轻便、又廉价的书画材料就好了。

在秦朝至西汉年间，人们已经发明一种麻质纤维纸，但它工艺简陋、质地粗糙，夹带着较多大块纤维束，表面不平滑，不适宜于书写，一般只用于包装。在东汉末年，一个叫蔡伦的官员在前人的实践基础上，发明了适合书写的纸张，这就是“蔡侯纸”。

蔡伦像

小知识

蔡伦革新了造纸工艺，制成了“蔡侯纸”。造纸术随后从中原传播到了今甘肃、新疆、内蒙古等地区。

蔡伦扩大了造纸原料的来源，用树皮、麻头、破布、旧渔网等材料造纸，同时改进造纸技术，提高了纸张质量。在公元 105 年，蔡伦把他制造出来的一批优质纸张献给汉和帝，汉和帝很称赞他的才能，马上通令天下采用。蔡伦造纸术大致分为浸泡、打浆、抄造、干燥 4 个步骤，虽然做出的纸还有些粗糙，但已具有了划时代的意义。

浸泡

用沤浸或蒸煮的方法让原料在碱液中脱胶，并分散成纤维状。

打浆

用切割和捶捣的方法切断纤维，并使纤维帚化（纤维细胞壁产生起毛、撕裂、分丝等现象），而成为纸浆。

抄造

往纸浆中加水，然后用篾（miè）席捞起，做成湿纸。

干燥

把湿纸晾晒干透之后，就可以揭下使用了。

汉朝也有地震仪

你知道吗？早在汉朝，中国人就能利用机械记录地震了。制作出地动仪的人，就是东汉著名的发明家、数学家、天文学家张衡。

张衡自小刻苦向学，少年时便会做文章。他兴趣广泛，文武双全，而且还喜欢研究数学、天文、地理和机械制造。后来，张衡入朝为官，在太史令的岗位上工作了十余年，在这期间他发明了很多重要的科学仪器。这些仪器中，最为大家所熟知的就是地动仪和浑天仪了。

张衡像

张衡环形山

张衡在机械制造、天文等领域有很多贡献，为了纪念他，联合国天文组织将月球背面的一个环形山命名为“张衡环形山”，并将太阳系中的1802号小行星命名为“张衡星”。

张衡在太史令任上发明了世界上最早的地动仪，称为候风地动仪。据史书记载，该地动仪有8个方位，每个方位上均有一条口含铜珠的龙，在每条龙的下方都有一只蟾蜍与其对应。任何一方如有地震发生，该方向龙口所含铜珠即落入蟾蜍口中，由此便可测出发生地震的方向。那么这个机器的感知效果如何呢？据说非常准确。曾有一条龙口中的珠子掉了，但没人感觉到地震，结果两天后，有人送信来说，甘肃陇西发生了地震。

张衡地动仪复原模型

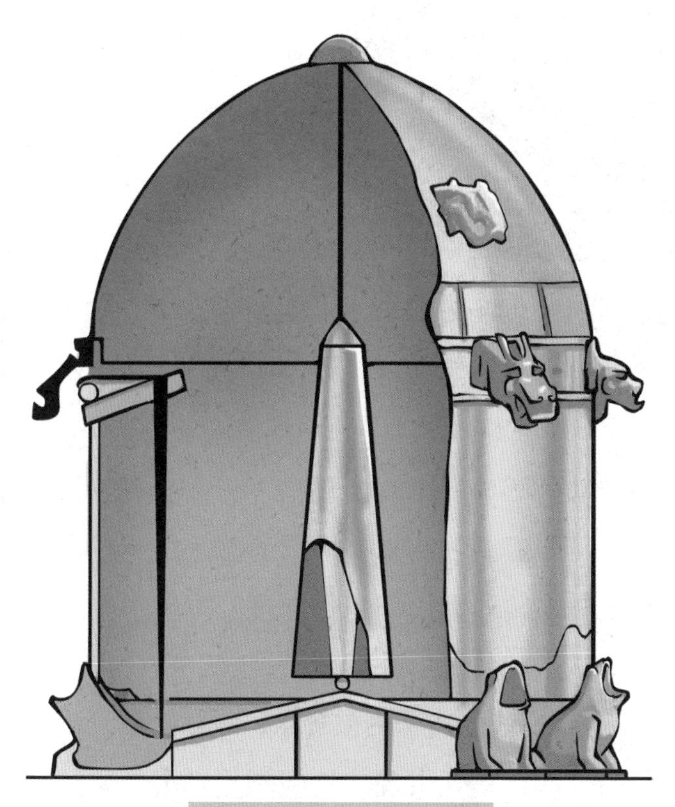

立杆装置原理示意图

现代科学家曾多次尝试对张衡地动仪进行复原但都没有成功。他们推测，张衡发明的地动仪其实是一种立杆装置，它的工作原理与近代地震仪中的倒立式震摆相仿：一根铜柱倒立于机械中央，8道连杆围绕铜柱架设，铜柱重心较高，一有震动就会失去平衡，倒向8道连杆中的一道，推动杠杆，使龙头上颌抬起，龙嘴中的铜球就会落下。

张衡的另一个重要发明是漏水转浑天仪，简称水浑仪。其实早在战国至西汉时期，就有天文学家发明了较原始的浑天仪，但张衡在前人的基础上，根据自己的浑天说，创制了一个比以前更精确、更全面的新型“浑天仪”。

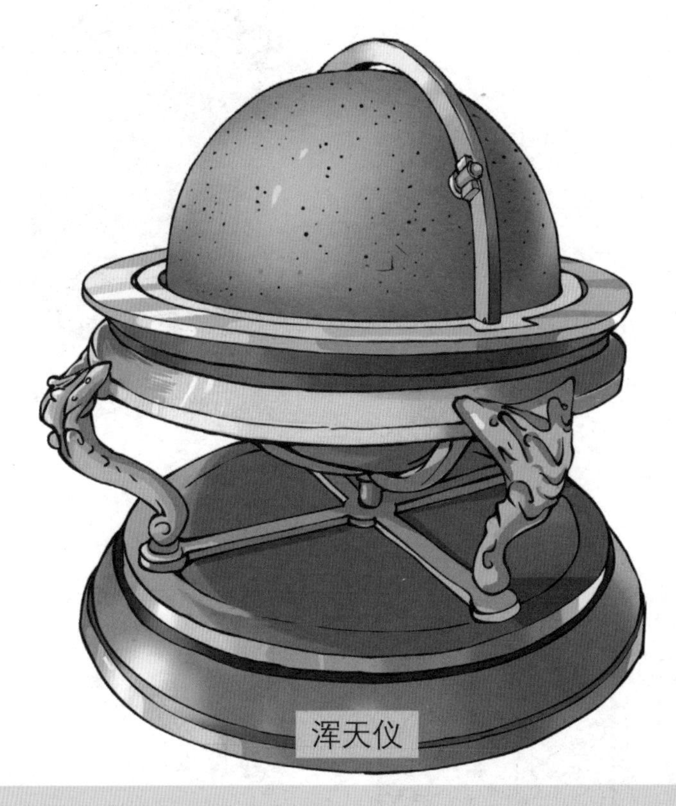
浑天仪

浑天仪，又叫浑象，是古代表示天体运动的仪器，相当于现代的天球仪。最早的浑天仪由西汉天文学家耿长寿在公元前70年—公元前50年制造。

之前的浑天仪是在一个可绕轴转动的圆球上刻画出星宿、赤道、黄道等的仪器，张衡将前人设计的浑天仪与漏壶结合起来，以漏壶流水控制浑天仪，使它与圆球同步转动，这就是漏水转浑天仪的工作原理。机械运转时白天可以看到当时天空中看不到的星星和月亮，并找到其位置；在夜晚时又可看到太阳的位置。据说张衡还别出心裁创造了机械日历，叫瑞轮荚，由传动装置和浑天仪相连，从每月初一起，每天出现一片叶子，半个月后每天收起一片叶子。

汉代出现了能计算行进里程的木车，叫作记里鼓车，据说也是张衡发明的。记里鼓车中装有一套减速齿轮，当车轮转动时，齿轮也随之转动。每前进 1 里路，两个大齿轮各回转 1 周，通过传动机械，使车上的木人落下手臂敲 1 次鼓，以表示里程。通过这样的方式，人们就可以知道走了多少里路了。

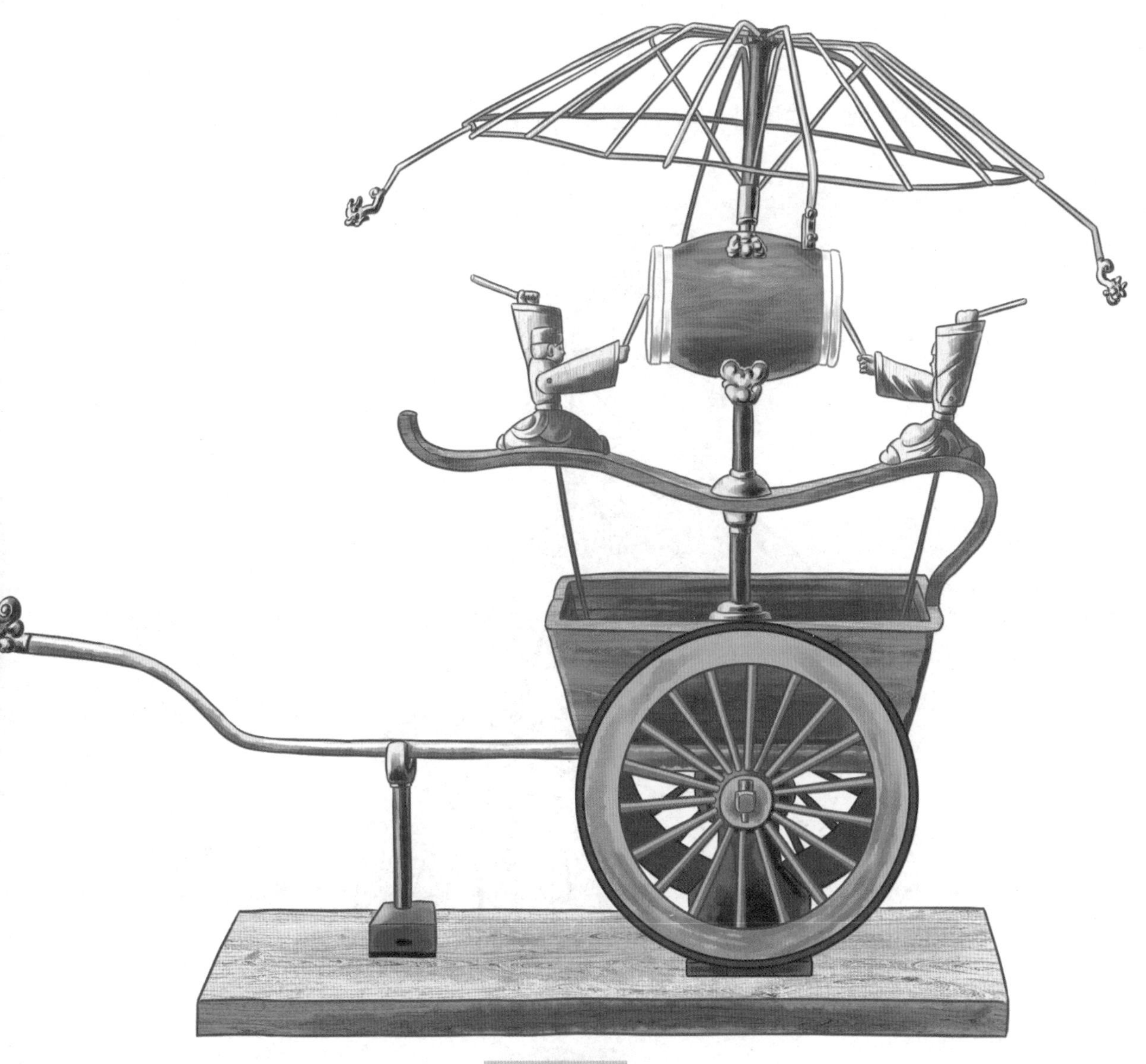

记里鼓车

温室栽培与新农耕技术

中华民族是一个农耕民族，自古重视农业。汉朝建立后，汉文帝认为农业是人民安居乐业、国家兴旺发达的根本，所以采取了重农抑商的政策，鼓励农业生产。每年正月，汉文帝都要下地耕作，这对当时的农民而言是很大的激励。在汉朝，出现了一些新的农耕用具和种植技术。

用温室栽培农作物的技术，早在西汉就出现了。西汉宫廷设有专门的温室，培育韭菜、葱、蒜、芹菜等作物。到了东汉，温室培育的蔬菜已经达到了 20 多种。中国使用温室栽培蔬菜比西方早了近千年。

贾谊像

小知识

贾谊是西汉初年的大臣，他尤其提倡重农抑商，厉行节约。西汉很多农耕政策都是由他提出的。

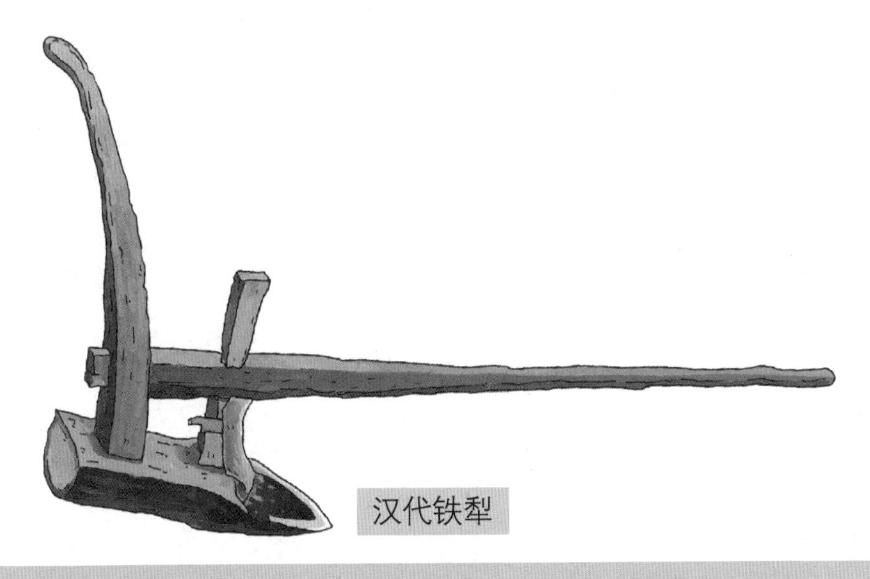

汉代铁犁

耒（lěi）是最古老的农具。最早的木耒就是一根削尖的木棍，可以用来挖松土地，后来发展为双尖。汉朝时，更先进的起土工具铁犁已经广泛使用。使用铁犁可以更轻松地松土、碎土和翻土。

汉代铁铧与鐴土

铁铧（huá）是耕犁破土的锋刃，鐴（bì）土是耕犁的翻土器。西汉已出现将铁铧与鐴土组合而成的复合装置，能将耕起的土垡破碎和翻转，更适用于耕翻土地和开沟作垄。

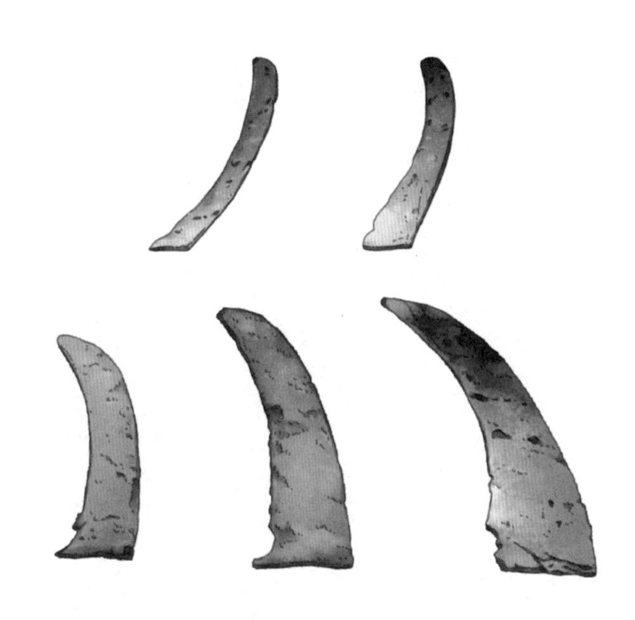

汉代铁镰刀

镰刀是收割禾秸的工具。春秋战国时期，人们主要使用铜镰；西汉时，铁镰已经基本取代铜镰。

西汉农学家赵过发明了代田法，在汉朝得到了推广应用。代田法，是在土地上，开出沟垄，沟垄的位置每年轮换，所以称为“代田”。将种子播种在沟里，等到苗发芽长叶以后，便在中耕除草的同时，将沟两边的垄土耙下来埋在作物的根部，这样就能起到防风抗旱的作用。

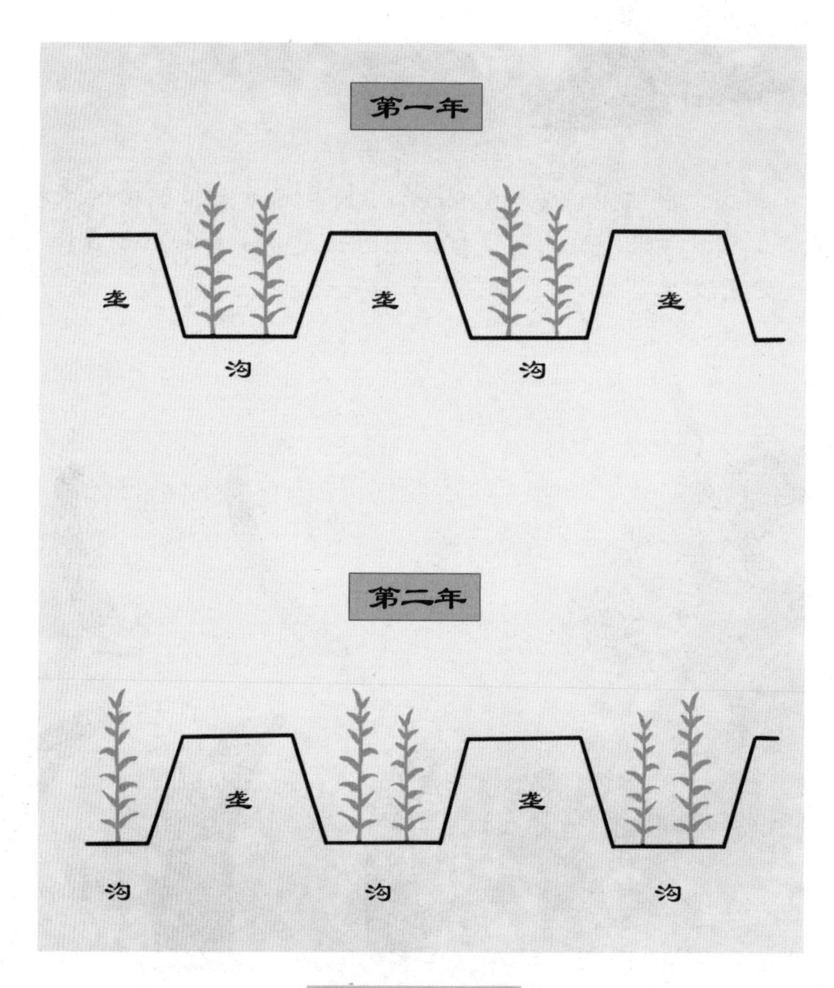

代田法示意图

代田法适用于平坦又宽阔的土地，比如北方干旱地区。耕种时需要两头牛和三个人来协同操作，即耦犁法。在山地、丘陵、坡地等地方，农民则采用区田法耕种。

展现耦犁法的汉代画像砖

汉武帝时期，赵过在全国推广“二牛三人耦犁”的耕种方法，使铁犁和牛耕逐渐普及。

汉朝的水稻栽培技术也有两个重要的突破：一是稻田水温调节技术，二是水稻移栽技术。调节稻田水温的具体操作是在田埂上开缺口，通过控制进水口和出水口位置，形成一定的水位差以调节稻田水温。水稻移栽技术就是插秧，在东汉时，长江流域的农民逐渐用插秧取代了原始的撒种播种。育种移栽可以促进水稻分蘖（niè），提高产量，又可节省农田，有利于复种，是水稻栽培技术的重大突破，至今仍是水稻生产中主要的种植手段。

展现插秧场景的汉代画像砖

小知识

我国在汉朝时已形成了北方种麦、南方种稻的农业格局。

使用了2000年的生活机械

秦汉时期，人们还发明出了一些新的机械，适用于灌溉、粮食加工、运输等多个领域。这些机械发明以后，一直使用到近代。

翻车是采用链传动的机械，也叫龙骨水车，它利用齿轮和链条传动来汲水灌溉。翻车上下两端装有可转动的轮轴，上端大轮轴转动时通过木链带动下端小轮轴转动，实现了连续提水。这种翻车结构合理，提水高效，被广泛使用，代代相传。

翻车

翻车利用链条传动，连续提水，减少了农民的工作强度，提高了农业灌溉效率。

碓(duì)是一种捣米器械，农田中收获的稻谷要经过捣米才能去掉稻壳，得到精米。汉代的碓大致可分为踏碓、畜力碓和水碓。踏碓是以人的踩踏动作为动力，这种器械最普及；水碓是以流水作为动力，非常适用于水资源丰富的江南地区，是一种更先进的自动化粮食加工机械。

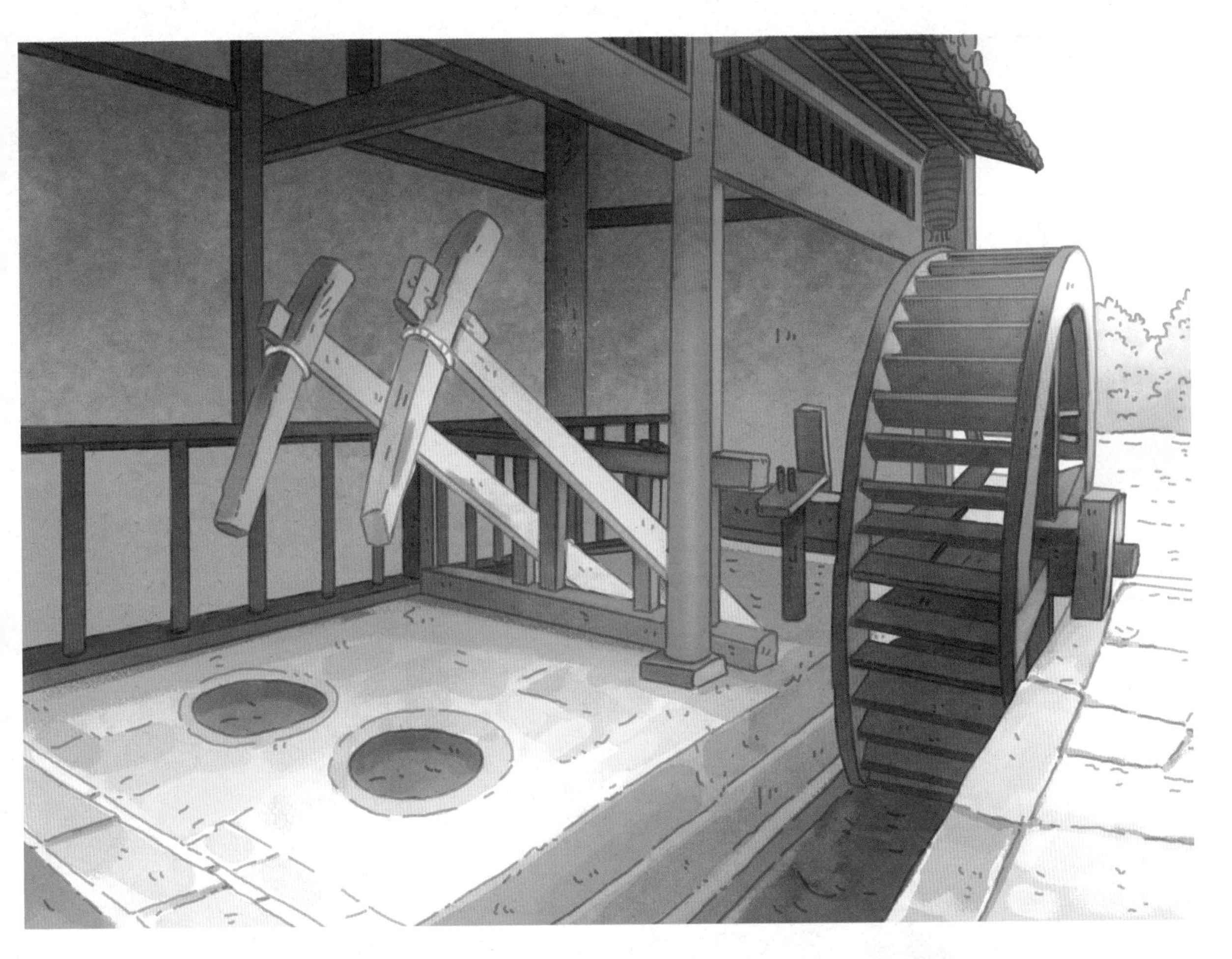

水碓

水碓的石臼埋在地面上，内壁时呈倾斜状态，捣米时臼中的粮食会自动翻转，不用人工管理。晚上将糙米倒入臼中，开动水闸，启动水碓即可离开，第二天清早就能取回精米。

踏碓

赵过除了发明代田法、耦犁法，还在前人的基础上，改良了不少农具。他设计的三脚耧（lóu）车是一种高效的播种工具，能同时完成开沟、播种、翻土三项工作。

在粮食细加工方面，利用风力清洗粮食的扇车也在西汉出现。这种机械直到 20 世纪 80 年代我国还有部分地区仍在使用。

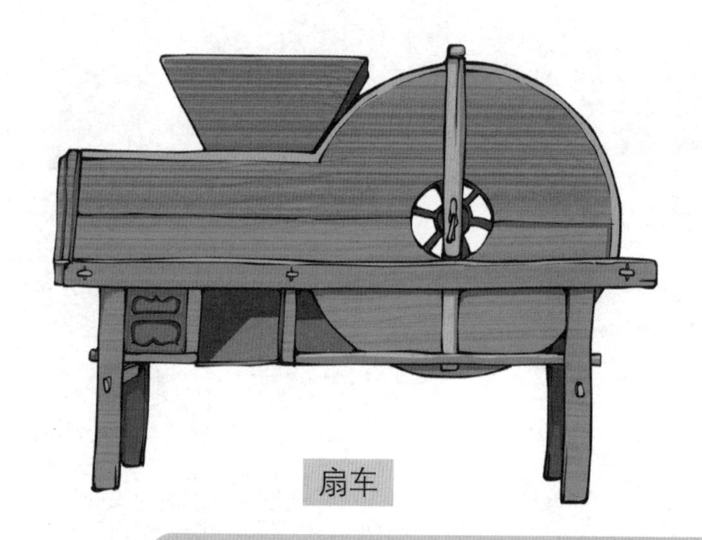

扇车

扇车由车架、外壳、风扇、喂料斗及调节门等部件构成。使用时将扇叶装在轮轴上，转动轮轴就能产生强气流，吹走谷粒中的糠皮、尘土等杂物。

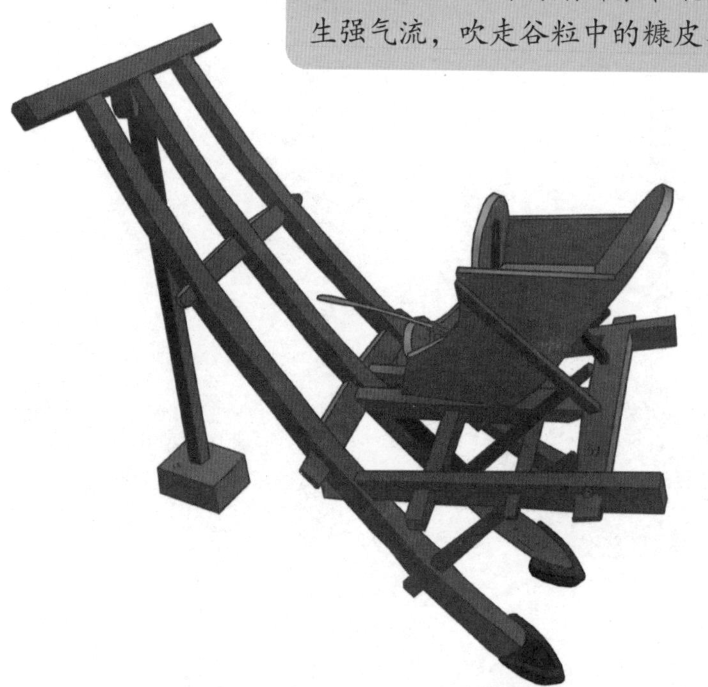

耧车

耧车是一种三脚播种机械，适用于平原或起伏不大的丘陵地区。赵过改进了传统耧车，提高了农民播种的效率。

独轮车

独轮车又名辇（niǎn）、鹿车、手推车，是一种轻便的运物、载人工具，在山区和羊肠小道上尤其适用。这种运输工具最晚在东汉时出现。

水排

水排是一种冶铁用的水力鼓风装置，由东汉的南阳太守杜诗发明。水排利用水流的冲力，通过曲柄连杆机构传递动力，皮囊有规律地收缩、扩张，起到为炼铁炉鼓风的目的。

小剧场：用玉石做的衣服

不得了了！娜娜！我在那边展厅里看到了木乃伊！
啊？

我们现在可是在中国的博物馆，怎么会有埃及的木乃伊呢？
木乃伊并不是只有埃及有啊。

木乃伊，其实就是长久保存下来的尸体，世界上很多民族都会制作木乃伊。
哦？

那我刚才看到的全身包裹铠甲的人，就是汉朝的木乃伊？
哈哈，我知道你刚才看到的是什么了！

对，这就是我看到的木乃伊。

这其实不是木乃伊，这是一套玉石片做的衣服。
玉石？那不是很贵吗？

所以只有地位很崇高的人，在死后才能穿这种玉衣啊。汉朝人相信玉石有神力，穿上它就能让尸身不朽。

这么神奇？

这是汉朝人的想象啦，考古学家找到这些玉衣的时候，穿它的人早就成枯骨了。

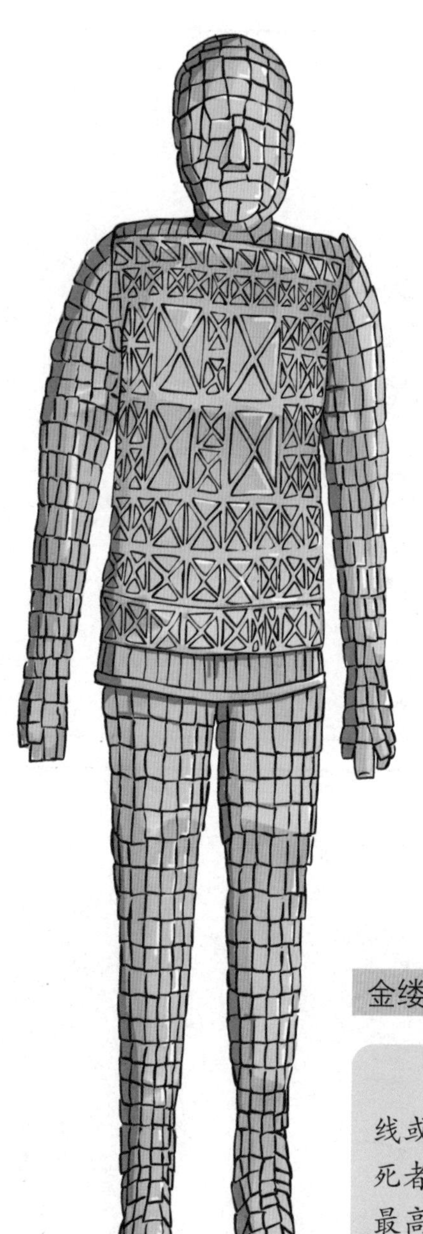

汉墓里的宝贝

古人一直有“事死如事生”的观念，要把死者的墓葬布置得像他生前住处一样。汉朝人觉得死亡不是生命的终点，而是一个转变过程，人的灵魂会在死后离开身体，进入仙界。所以要把墓主人的身体保存好，还要把他生前喜欢的物品埋进墓里，让他一起带去仙界。这种墓葬观念对于考古学家来说是件幸运的事，因为很多精美的古代工艺品和重大的考古学发现，都是出自古代贵族的墓葬。

金缕玉衣

金缕玉衣是用玉石做成方形的玉片，用丝线或金属线串起，做成铠甲一样的衣服，覆盖死者全身。根据死者的身份等级，使用的线不同。最高等级的死者会使用金线，所以人们将这种玉石做成的殓服统称为金缕玉衣。

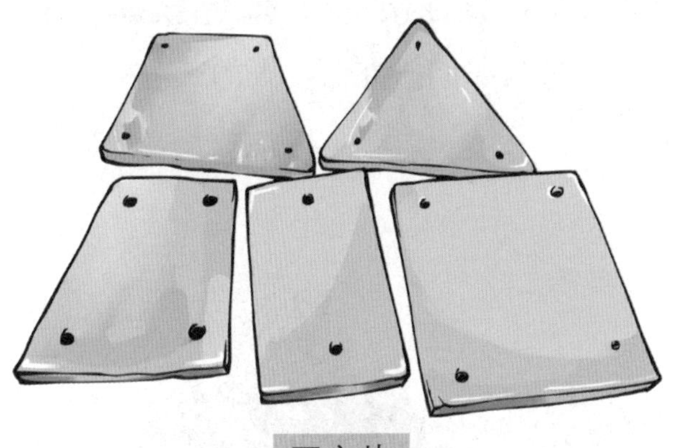

玉衣片

金缕玉衣是将玉石打磨成衣片后串起来的。衣片四角的小孔用来穿丝线或金属线。

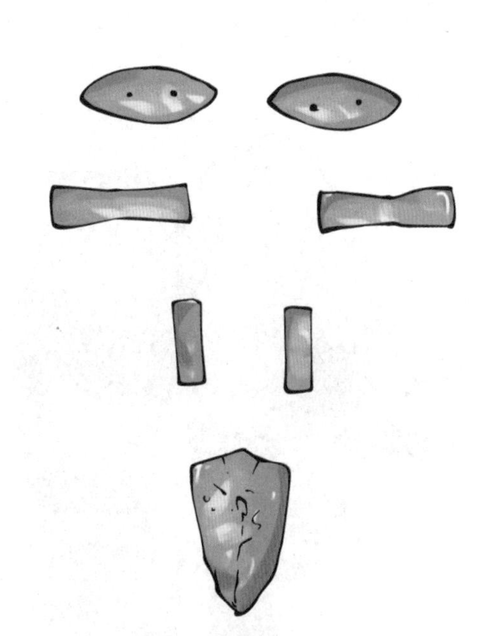

玉窍塞

我们平常说的“七窍”是指双眼、双耳、2个鼻孔和嘴巴，与肛门和生殖器并称“九窍”。古人认为用玉窍塞封住这些地方，就能保持肉身不腐。

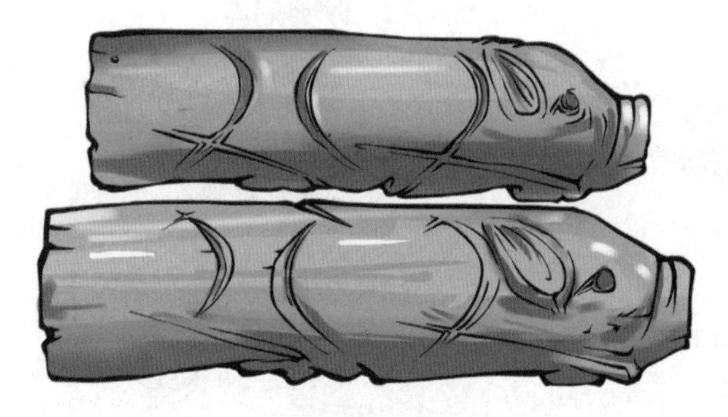

汉代玉握猪

玉握猪是一种冥器，由死者握在手中下葬。

1968年，考古学家在河北满城发掘了西汉中山靖王墓，不仅在里面找到了传说中的金缕玉衣，还发掘到了大量精美的工艺品，如大名鼎鼎的长信宫灯、错金博山炉。这些墓葬中的宝贝为我们研究西汉人的工艺水平、信仰体系，提供了宝贵的研究资料。

长信宫灯

长信宫灯因曾放置于窦太后（刘胜祖母）的长信宫内而得名。宫灯灯体为一通体鎏（liú）金、双手执灯跪坐的宫女，神态恬静优雅。宫女上举的袖子其实是排烟管，点灯时的烟尘会通过排烟管进入宫女的背部排出。

错金博山炉

这是一只铜制香熏炉，炉盖镂雕成山峦起伏状，人和虎、豹、猴、野猪等动物置身其间。炉足部为透雕蟠龙纹，腹部饰有错金卷云纹。西汉人普遍信仰神仙，研究者认为这只香炉的造型正是在模拟传说中的仙界——昆仑山。

1972年，湖南长沙的马王堆汉墓出土时引起了全国性的轰动。考古学家在打开墓葬女主人辛追夫人的棺椁时，惊讶地发现她在地下沉睡了约2000年，身体却没有腐烂。汉朝人究竟是怎么做到这一点的？考古学界至今仍无法破解这个科技谜题。马王堆汉墓中不仅有千年不腐的辛追夫人，还出土了大量丝织品、帛书、竹简、帛画、漆器、中草药和精美的地图。这些文物的出土，为科学家研究汉代初期埋葬制度、手工业和科技的发展，以及长沙国的历史、社会生活等方面提供了重要资料。我们一起来看看马王堆汉墓中有哪些惊天的宝贝吧！

马王堆T形帛画

古人相信，帛画是引导死者灵魂的旗帜，所以汉朝人在这幅帛画中绘制了想象中的天堂、人间和地府，描绘了人、神、灵兽和谐相处的画面。

马王堆云纹漆盒

漆盒由上盖和器身两部分以子母口扣合而成，器底有凸棱似的圈足。器表髹（xiū）黑漆，器内为红漆。盖顶中心以红色的线条勾勒出三只凤鸟。上盖四周和器身腹部也有朱绘的鸟形图案。这件漆盒出土时，里面还装着2000多年前的饼。

马王堆云纹漆鼎

这只漆鼎最让人惊奇的地方，是在出土的时候里面还存放着2000多年前的藕汤。藕片清晰可见，但就在考古学家为其拍照的瞬间，藕片就腐化了。

马王堆云纹漆钫

漆钫（fāng）是一种酒器，盖顶上有4个S形钮，这是一种装饰。这只钫在发现的时候，钫底还残留着酒类或羹类的沉渣。

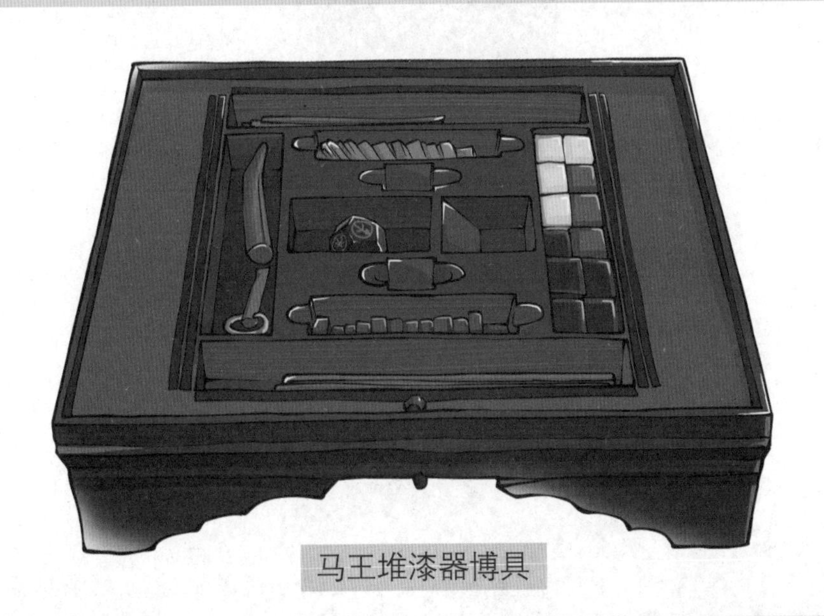

马王堆漆器博具

博具是一种游戏道具，汉代画像砖中描绘了很多玩博戏的场景，史书也对博具有详细描述。马王堆出土的这套博具，为考古学家的考证提供了实物依据。

美轮美奂的汉代衣物

马王堆汉墓中不仅出土了神秘的帛画、精美的漆器，还有美轮美奂的衣服。其中轻薄的素纱禅（dān）衣可谓巧夺天工，它折叠后甚至可以放进火柴盒里。除禅衣之外，还有很多丝绸、绢罗的残片，它们一起向世人展示着汉朝人高超的织造工艺。

素纱禅衣

素纱禅衣为交领、右衽、直裾，类似汉朝流行的深衣。除衣领和袖口边缘用织锦做装饰外，整件衣服以素纱为面料，没有衬里和颜色。它的重量只有 49 克左右，是目前最早、最轻的古代印花成衣。

朱红菱纹罗丝绵袍

汉朝女装复原

服装专家参考了马王堆出土的汉代服饰实物和图画资料，复原出了汉朝的女性服装。图中展示的深衣是一种将上衣和下裳合在一起的长款衣物。

小剧场：豆腐的由来

又看到了什么好东西？
你怎么跑得这么快啊？

我在看这个呢！洋洋，他们好像不是在做饭啊？

当然不是做饭了，这是汉朝人在炼丹！
什么是炼丹？

古人相信，吃下了丹药就可以长生不老。
可以把古人的丹想象成一种药。

不过，历史上一个长生不老的人都没有，反而有很多人因此中毒呢！

好可怕，为什么做出来的明明是毒药，却还要吃啊？
古人对自然和生命的认识有限，他们并不知道自己做出来的是毒药。

不过汉朝人炼丹时炼出的也不光有毒药，还有一样你们想不到的东西！

西汉初年的淮南王刘安非常热衷炼丹，有一次，他手下的方士把豆浆和石膏放在一起烧，竟不小心做出了一种美味的食物——豆腐。

这也太神奇了吧！

所以说，收获有时候会发生在意料不到的地方。

炼丹的意外收获

秦汉时期，人们不光对地理、科技进行着探索，也在对生命进行探索。据说，秦始皇从年轻的时候就开始炼丹，他还相信东海上有仙山，曾派人去探路。到了汉朝，皇室和贵族炼丹修行的风气更盛，所以才出现了“炼”出豆腐的巧合。

帝王们炼丹的材料不统一，但很多丹药都含有水银。我们今天知道水银是一种有剧毒的物质，长期服用无疑是慢性自杀，但古人却缺乏这方面的认识。

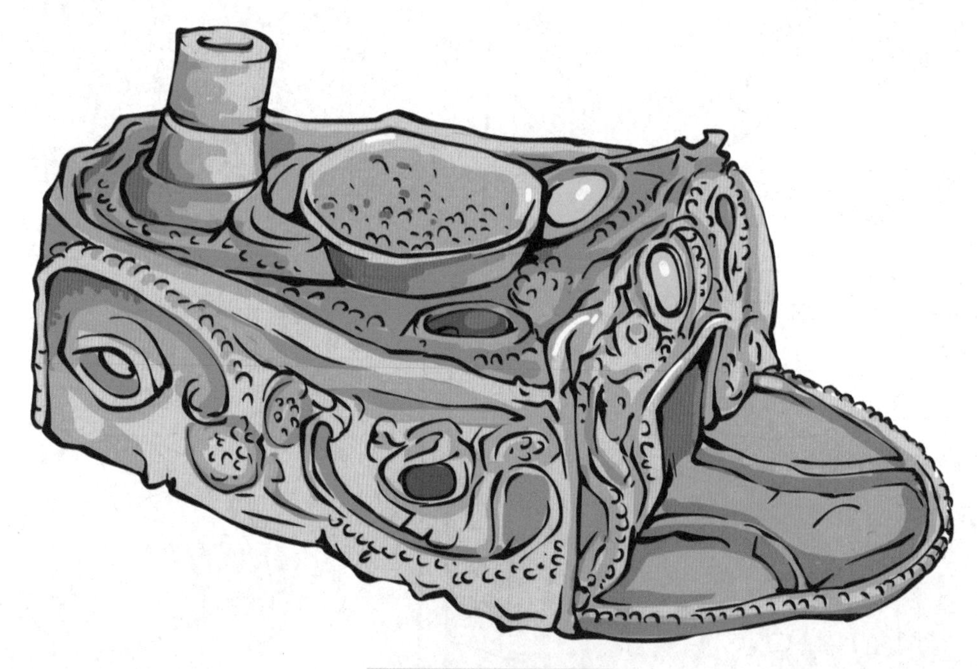

东汉金灶炼丹炉

这只金灶于1966年出土于陕西西安，长3厘米，宽1.7厘米，用纯金打造，外嵌金丝和宝石，灶底有篆书“日利”两字铭文。这件冥器反映了秦汉时人们食金丹以飞升成仙的思想观念。

汉朝人的炼丹活动也催生了一些积极的结果。比如东汉炼丹家魏伯阳，首次记录了汞和锡的炼制方法，以及氧化铅被还原、水银生成氧化汞的化学反应，还记录了蒸馏、熔化、结晶等技术，积累了人类文明史上最早一批关于物质化合、分解等反应的实验记录。东汉末年的炼丹家狐刚子也在其著作《出金矿图录》中记载了他发明的金粉和银粉的制造方法，此法一直沿用至今。另一位炼丹家葛洪还提炼出了一种名为黄丹的物质，这是一种低温釉料，也是制作玻璃的原料。

小知识

魏伯阳著有《周易参同契》，里面记录了很多人类文明史上最早一批关于物质化合、分解等反应的实验。他还在《丹鼎歌》中描述了丹炉的构造、大小、形状，这是目前关于炼丹设备的最早记录。

魏伯阳像

我国的盐业在汉朝时有了规模性生产和开发，当时井盐大多集中在四川。《四川盐政史》中有记载，“云阳盐井始于汉”。井盐的生产，需先凿井取卤，而后设灶煎制，这一过程被东汉人画在了画像砖上。

展现制盐场景的东汉画像砖

画像砖描绘了四川人制盐的过程：在起伏的山峦间，左边是一个高大井架，四人在汲卤，有槽将盐卤引入右下角的灶锅内，另三人在灶旁操作，山间还有五人在背柴和狩猎。汲卤的工人还使用了定滑轮。

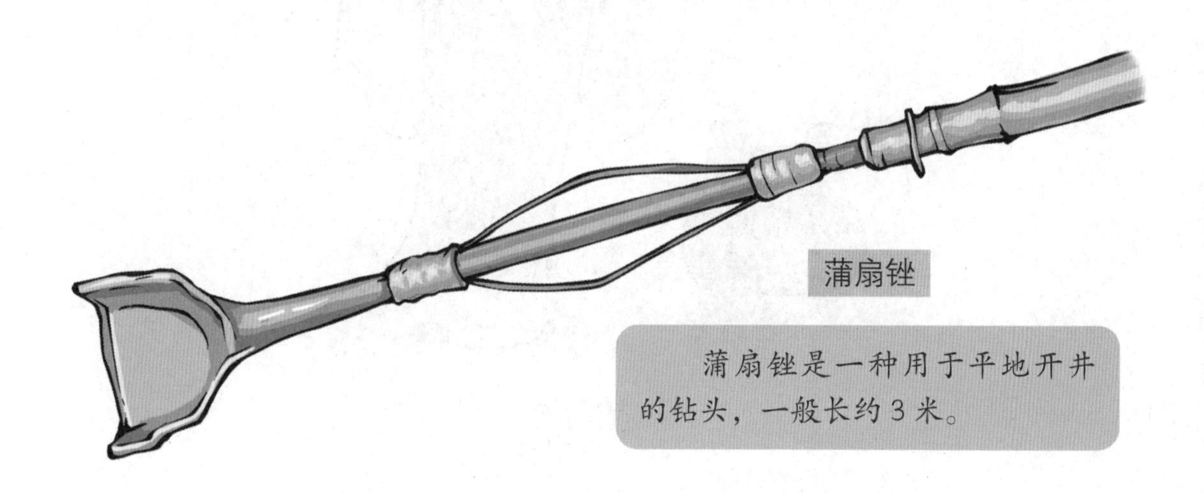

蒲扇锉

蒲扇锉是一种用于平地开井的钻头，一般长约3米。

汉朝人的数学应用题

20世纪80年代，考古学家在湖北荆州张家山的西汉墓葬中找到了竹简《算术书》，里面采用问题集的形式，列出了60多道应用题，所涉及的数学运算有相乘、分乘、合分等，这是中国目前已发现最早的算书。

另一本影响深远的数学著作是成书于东汉初年的《九章算术》，它是西汉数学家张苍、耿寿昌等人在前人的数学理论基础上删补注释而成。《九章算术》也采用了问题集的形式，列举了246个数学问题，将所有问题归类为方田、粟米、衰分、少广、商功、均输、盈不足、方程和勾股，故称“九章”。

汉简算术书

张家山汉简包含《历谱》《二年律令》等多部著作，其中《算术书》是早于《九章算术》的古代数学专著。

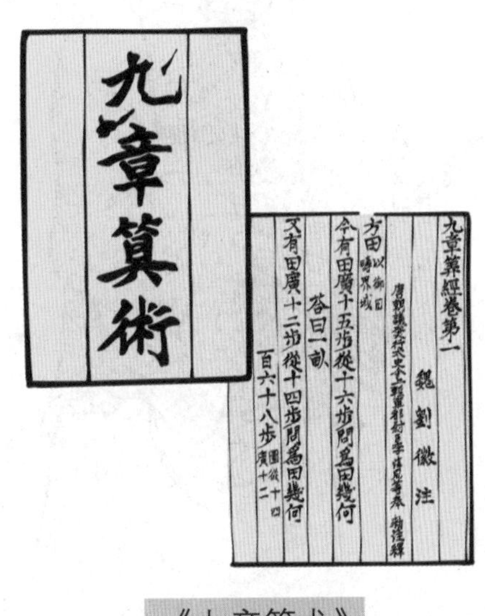

《九章算术》

《九章算术》系统汇总了前人的数学成就，几经增删，于东汉初年成书。之后，历代都有不少人对其进行校注。

《九章算术》是秦汉数学发展的里程碑式的著作，其中分数四则运算法则，开平方、开立方，线性方程组解法和正负数运算等都是具有世界意义的数学成就，奠定了此后中国数学领先世界千余年的基础。《九章算术》以数为法统率应用题的形式，以计算特别是以程序性算法为中心的特点，数学理论密切联系实践的风格，都深刻影响了此后中国乃至世界的数学发展道路。

张苍像

张苍为西汉初年丞相、历算学家。他提出和制订了一套比较完整的关于度、量、衡方面的理论，他把算学研究成果直接用于国计民生。

耿寿昌像

西汉时期天文学家、理财家。精通数学，曾和张苍一起修订《九章算术》。

后记

华夏五千年的历史源远流长，各种重要的科技成就层出不穷，为人类文明的发展作出了不可磨灭的卓越贡献，这是我们每一位中国人的骄傲。不过，我国虽然历来有著史的传统，但对专门的科技发展史却着墨不多。近现代，英国科技史专家李约瑟所著的《中国科学技术史》是一部有影响力的学术著作，书中有着这样的盛赞："中国文明在科学技术史上曾起过从来没有被认识到的巨大作用。"

不过，像《中国科学技术史》这样的科技史学著作篇幅浩瀚，囊括数学、天文、地理、生物等各个领域。如何把宏大的科技史用浅显的语言讲述给孩子们，是我一直思考的问题。让儿童也了解我国的科技史，进而对科技产生兴趣，对华夏文明产生强烈的自豪感，那真是意义非凡。

经过长时间的积累和创作，这套专门给少年儿童阅读的中国科技史——《科技史里看中国》诞生了。希望这套书的问世能填补青少年科技史类读物的空白。这套书图文并茂，故事性强，符合儿童的心理特点，以朝代为线索将科技史串联起来，有利于孩子了解历史进程。

希望《科技史里看中国》能够带孩子们纵览科技史，从历史中汲取智慧和力量，提升孩子们的创造力和科学素养。